제2판

집합론

한상언 지음

KM 경문사

머리말

이 책은 현대수학의 기본 개념인 집합에 대하여 초보에서부터 거의 전반에 걸쳐 상세한 예와 함께 다뤘다.

집합론은 그 자체도 중요하지만 수학적 사고의 기틀이 된다는 점이 더욱 중요하므로 독자들은 증명과정 및 내용 전개과정을 유심히 이해하여 수학 및 각종 학문의 기본이 되는 논리적 사고 형성에 도움이 되도록 최선을 다해주길 기대한다.

특히 이 책은 다양한 예를 통하여 독자들이 직관적 사고를 기를 수 있도록 엮었다.

제1장은 집합론에서 필요한 최소한의 논리학을 도입하여 독자들이 논리학에 접근하는 데에 부담이 없도록 하였다.

제2장은 집합의 초보적인 개념을 바탕으로 부분집합 및 집합의 상등, 데카르트 곱, 첨자붙은 집합족의 연산 등을 다루어 이 책의 초석을 이루었다.

제3장은 기존의 함수개념을 관계의 일부분으로 해석하고 집합론뿐만 아니라 현대 학문에서 중요한 역할을 하는 분할(partition)과 동치관계를 소개하고 그들의 상관관계를 집중적으로 다루었다.

제4장은 G. Cantor가 고민했던 비가부번집합 및 가부번집합을 소개하고 쉬운 예를 통하여 각 개념들을 이해하기 쉽도록 구성하였다.

제5장은 기수의 공리론적 접근방법을 통하여 집합의 크기를 규명하고 그들의 연산 및 성질을 규명하여 기수 개념의 이해를 높이도록 노력하였다.

제6장은 서수의 공리론적 접근방법을 통하여 정렬집합의 서수를 규명하고 다양한 성질을 통하여 서수와 순서수의 개념을 잘 이해할 수 있도록 노력하였다.

제7장은 조금은 어려운 내용을 담고 있으나 선택공리, 하우스도르프정리, Zorn의 보조정리 등이 동치임을 증명하여 집합론의 논리의 공백을 메우는 데 결정적인 역할을 하였다.

다년간 집합론 강의경험을 살려서 책을 엮었지만 저자의 부주의 때문에 생긴 부족한 점은 독자로부터의 충고를 기다려 고쳐 나아갈 생각이다.

이 책을 통하여 현대학문을 하는 수학도들에게 많은 도움이 되길 간절히 기대하며, 이 책이 나오기까지 수고해 주신 경문사 여러분에게 큰 감사를 드린다.

2022. 8.

지은이 씀

차 례

▌제1장▌ 논 리

1.1 명제와 그 합성 — 3
1.2 논리법칙(항진, 함의, 쌍대) — 10
1.3 추론 — 14
1.4 명제와 한정기호 — 21

▌제2장▌ 집합의 개념

2.1 집합 — 27
2.2 부분집합, 집합의 상등 — 30
2.3 합집합, 교집합, 여집합 — 33
2.4 데카르트 곱(Cartesian product) — 38
2.5 첨자붙은 집합의 연산 — 41

▌제3장▌ 관계와 함수

3.1 관계 — 49
3.2 분할과 동치관계 — 51
3.3 함수, 전단사함수 — 56
3.4 합성함수와 역함수 — 69
3.5 변환, 제한함수, 확대함수 — 73

▌제4장▌ 가부번집합과 비가부번집합

4.1 집합의 대등 — 79
4.2 가부번집합 — 81
4.3 비가부번집합 — 88

제5장 기수와 그 연산

5.1 기수의 개념 — 95
5.2 기수의 비교 — 96
5.3 기수의 덧셈, 곱셈 — 103
5.4 기수의 거듭제곱(power) — 109

제6장 서수 및 그의 연산

6.1 순서집합 — 119
6.2 정렬집합 — 130
6.3 서수의 개념 — 137
6.4 서수의 비교 — 139
6.5 순서수의 덧셈과 곱셈 — 143
6.6 초한귀납법 — 154

제7장 선택공리 및 그와 동치인 정리

7.1 선택공리(axiom of choice) — 163
7.2 선택공리와 동치인 정리 — 165

부록 — 171
연습문제 해답 — 174
참고문헌 — 180
찾아보기 — 181

제1장 논 리

- 1.1 명제와 그 합성
- 1.2 논리법칙(항진, 함의, 쌍대)
- 1.3 추론
- 1.4 명제와 한정기호

이 장에서는 집합론을 공부하는 데 활용되는 최소한의 논리를 소개한다.

1.1 명제와 그 합성

논리를 통하여 타당한 논증(valid argument)과 타당하지 않은 논증(invalid argument)을 효과적으로 구별하는 원리와 방법을 알게 된다. 1장에서의 집합의 개념은 고등학교에서 배운 수준 정도의 집합을 바탕으로 이해하면 된다. 논리는 명제로부터 출발하는데 "명제(statement)란 주어진 집합 X에서 어떤 주장이나 판단을 나타내는 문장($P(x),\ x \in X$)으로서 그 사실의 참과 거짓(truthfulness or falsity)을 구별할 수 있는 것"으로 정의한다. 그 문장 $P(x)$를 X 위의 명제 함수(propositional function) 또는 열린 문장(open sentence)라고 한다. 즉 의문문, 명령문, 감탄문 및 주관적인 판단을 나타내는 문장 등은 일반적으로 명제가 아니다. 명제는 기호나 식으로 표시할 수도 있다. 한 명제의 참과 거짓을 그 명제의 진리값(truth value)이라 하고 T 또는 F로 표시한다.

예제 1

다음은 명제이다.

① 1년은 365일이다.

② 17은 소수이다.

③ $\sqrt{2}$는 유리수이다.

예제 2

다음은 명제가 아니다.

① 그 학생은 누구냐?

② 인생은 허무하다.

③ 아름다운 석양이여!

우리의 사고(思考)나 추론(推論)은 몇 개의 명제에서 출발하여 이것들을 연결하여 새로운 명제를 이끌어 내게 된다. 몇 개의 명제를 '그리고', '또는', '이면'

등과 같은 논리적 접속사를 써서 결합시키고, 한 명제를 부정(否定)하여 새로운 명제를 만드는 것을 명제의 합성(composition of the statements)이라 하고 이 새로운 명제를 합성명제(compound statement)라 하며 원명제들을 단순명제(simple statement) 또는 부분명제(substatement) 또는 성분(component)이라고 한다. 또 복잡한 합성명제를 몇 개의 단순명제로 분해할 수 있다.

이제 다양한 형태의 명제로서 논리곱(합접), 논리합(이접), 그리고 명제의 부정에 대하여 알아본다.

예제 3

"해는 동쪽에서 뜨고, 고래는 바다에서 산다"는 부분명제 "해는 동쪽에서 뜬다"와 "고래는 바다에서 산다"의 합성명제이다. 수학적 표현의 간소화를 위하여 명제를 p, q, r와 같은 문자로 표시하고 합성명제를 논리적 접속사별로 나누어 살펴본다.

임의의 두 명제가 접속사 '그리고' 혹은 '및(and)'을 사용하여 결합된 합성명제를 두 원명제의 합점(conjunction)이라 하고 기호를 사용하여 두 명제 p, q의 합점을 $p \wedge q$로 표시한다.

예제 4

명제 p는 "눈이 온다"이고, 명제 q는 "해가 비친다"라고 할 때 $p \wedge q$는 합성명제 "눈이 오고 해가 비친다"로 표시한다.

즉, 단순명제들의 결합에 의하여 합성명제가 만들어지는데 논리에서 자주 사용되는 결합자를 약속해 두자.

① '아니다(not)'의 기호는 '$\sim$'

② '이고(and)'의 기호는 '$\wedge$'

③ '또는(or)'의 기호는 '$\vee$'

④ '…이면 … (if … then)'의 기호는 '$\cdots \rightarrow \cdots$', 즉 조건문을 말한다.

⑤ '…이면, 그리고 그때에만 … (… if and only if …)'
의 기호는 '$\cdots \leftrightarrow \cdots$', 즉 쌍조건문을 의미한다.

주어진 명제의 참과 거짓을 표를 이용하여 표시하면 매우 편리하다. X 위에

서 명제 $P(x)$에 대하여 집합

$$T_P = \{x \mid P(x) : \text{참(true)}\}$$

를 명제 $P(x)$의 진리집합(truth set)이라고 한다.

예를 들면, 실수 집합 $\mathbb{R}$에서 명제 $P(x)$를 $x^2+2x+1=0$이라 할 때 $T_P = \{-1\}$이다.

❚ 정의 1 ❚ 논리곱

임의의 두 명제 p, q 사이에 결합자 $\wedge$를 사용하여 합성명제 $p \wedge q$를 구성한다. 다음은 $p \wedge q$의 진리표(truth table)이다.

표 1

p	q	$p \wedge q$
T	T	T
T	F	F
F	T	F
F	F	F

기호 $p \wedge q$는 "p이고 q" 혹은 "p와 q의 논리곱(conjunction)"이라고 읽는다.

예제 5

다음 명제의 진리표를 살펴보자.

"해는 동쪽에서 뜨고 참치는 바다에서 산다"

임의의 두 명제 p, q가 접속사 '또는(or)'를 사용하여 결합된 새로운 명제 "p 또는 q"를 두 명제 p와 q의 이접 혹은 논리합(disjunction)이라 하고 기호를 사용하여 $p \vee q$로 표현한다.

| 정의 2 | 논리합

임의의 두 명제 p, q에서 논리합 $\vee$를 사용하여 합성명제 $p \vee q$를 구성한다. 다음은 $p \vee q$의 진리표이다.

표 2

p	q	$p \vee q$
T	T	T
T	F	T
F	T	T
F	F	F

예제 6

"철수는 지난 학기 성적에서 수학은 B학점 이상 받았거나 영어는 A학점 이상을 받았다"를 진리표에 의하여 참과 거짓의 결과를 분석하여라.

| 정의 3 | 부정(Negation)

명제 p를 부정하여 새로운 명제 "p가 아니다"를 명제 p의 부정(negation)이라 하고 기호로써 "$\sim p$"로 표시한다.

예를 들면, 명제 "4는 짝수이다"의 부정은 "4는 짝수가 아니다"이다.

예제 7

명제 "$3+5=8$"의 부정은 "$3+5=8$이 아니다"이다. 명제 p의 부정은 명제 p가 거짓일 때 참이 되고 p가 참일 때 $\sim p$는 거짓이 된다. 즉 명제 $\sim p$의 참과 거짓은 명제 p의 참과 거짓에 의하여 결정된다. 다음 표를 사용하여 부정명제의 진리표와 연관된 성질을 알아본다.

표 3

p	$\sim p$
T	F
F	T

명제	부정명제
$p \vee q$	$\sim p \wedge \sim q$
$p \wedge q$	$\sim p \vee \sim q$
p이면 q이다	$p \wedge \sim q$
임의의 x에 대하여 $P(x)$이다	$\sim P(x)$인 어떤 x가 존재한다

두 명제 p, q가 모든 논리적 가능성(logical possibility)이 각각의 경우에 같은 진리값을 갖는다면 p와 q는 논리적 동치(logical equivalence) 또는 간단히 동치(equivalence)라 하고 $p \equiv q$로 나타낸다.
예를 들면 $p \vee q \equiv \sim(\sim p \wedge \sim q)$이다.

이제 조건문(conditional statement)와 쌍조건문(biconditional statement)에 관하여 알아본다.

▌정의 4▌ 조건문

명제 p, q 사이에 조건부(conditional)라고 불리는 결합자 $\rightarrow$를 사용하여 조건문 $p \rightarrow q$("p이면 q이다"라고 읽음)을 구성한다. 여기서 조건문 $p \rightarrow q$는 표 4에서와 같이 $\sim(p \wedge \sim q)$와 동치인 명제로 정의한다.

표 4

p	q	$p \rightarrow q$	$p \wedge \sim q$	$\sim(p \wedge \sim q)$
T	T	T	F	T
T	F	F	T	F
F	T	T	F	T
F	F	T	F	T

조건문 "$p \rightarrow q$"는 "p이면 q이고, p인데 q가 아닐 수는 없다"라는 의미이다.

따라서 표 4에서 알 수 있듯이 조건문 $p \to q$의 진리값은 p가 참이고 q가 거짓일 때만 거짓이고 그 외의 경우는 모두 참이다. 요약하면 다음과 같다.

◆ 명제 $p \to q \equiv \sim (p \wedge \sim q) \equiv \sim p \vee q$

여기서 두 명제 p와 q 사이의 결합자 '→'를 **조건부(conditional)**이라고 부름을 상기하자. 〉표 4〉에서 제시한 조건부의 진리표는 현대수학에서 매우 중요하게 활용된다. 〉표 4〉를 근거하여 주장하는 논리를 **조건부 논리(conditional logic)**이라고 한다.

조건부 논리에서 주목해야 할 것은 "$p \to q$"에서 p를 조건이라고 하고 q를 결론이라고 부른다. 특히, $p \to q$에서 조건 p가 거짓이면 q의 참과 거짓에 상관없이 명제 $p \to q$는 참이 된다는 것이다.

예를 들면 합성명제

"해가 서쪽에서 뜨면 $1+2=5$이다" … (*)

를 생각해 보자. 이때 조건명제 "해가 서쪽에서 뜬다"는 거짓명제이기에 주어진 합성명제(*)는 참이다.

◆ 조건문 $p \to q$에서 p가 참이고 q도 참이면 〉표 4〉에서 알 수 있듯이 $p \to q$는 참이다. 이때 우리는 $p \Rightarrow q$로 표시하고 'p를 q의 **충분조건(sufficient condition)**, q를 p의 **필요조건(necessary condition)**'이라고 한다.

예를 들면 실수 집합 $\mathbb{R}$에서 '$x > 2 \to x-2 > 0$이다'를 생각해보면 $x > 2 \Rightarrow x-2 > 0$임을 알 수 있다.

◆ $P(x) \Rightarrow Q(x)$이면 $T_P \subseteq T_Q$임을 알 수 있다.

┃정의 5┃ 쌍조건문

명제 p, q 사이에 **쌍조건부(biconditional)**라고 부르는 결합자 ↔를 사용하여 합성명제 $p \leftrightarrow q$(p이면 그리고 그때에만 q라고 읽음)를 구성하고 〉표 5〉의 합성명제

$$(p \to q) \wedge (q \to p)$$

와 동치인 것으로 정의한다.

표 5

p	q	$p \leftrightarrow q \ (\equiv (p \rightarrow q) \wedge (q \rightarrow p))$
T	T	T
T	F	F
F	T	F
F	F	T

위 진리표에서 알 수 있듯이 쌍조건문 $p \leftrightarrow q$의 진리값은 두 명제 p와 q가 동시에 참(T)이거나 거짓(F)일 때만 참(T)임을 알 수 있다. 즉 $p \leftrightarrow q$는 $(p \rightarrow q) \wedge (q \rightarrow p)$임을 의미한다.

연습문제 1.1

1. 다음 문장 중에서 명제를 찾아라.
   ① 전주는 전통미를 갖춘 도시이다.
   ② 나의 미래는 밝다.
   ③ 미인은 일찍 죽는다.
   ④ 평면($\mathbb{R}^2$)에서 $x^2 + y^4 = 4$이다.

2. 명제 p: 해는 동쪽에서 뜬다, q: $2+4=7$에서 다음을 구성하고 참과 거짓의 논리값을 결정하여라.
   ① 논리합
   ② 논리곱
   ③ 조건문($p \rightarrow q$)
   ④ 쌍조건문($p \leftrightarrow q$)
   ⑤ p의 부정명제($\sim p$)

1.2 논리법칙(항진, 함의, 쌍대)

몇 개의 명제 p, q, r, $\cdots$에 의해서 만들어진 합성명제 $P(p,\ q,\ r\cdots)$가 성분 p, q, r, $\cdots$ 의 참과 거짓에 관계없이 항상 참(truthfulness)이면 그 합성명제 P를 항진명제 또는 **토톨로지**(tautology)라 하고 I 혹은 t로 표시한다.

예를 들면, 명제: $p \wedge q \rightarrow (\sim p \vee q)$는 p, q의 모든 논리적 가능성을 고려했을 때 항상 참인 명제가 되어서 항진명제가 된다.

또, 명제 p, q가 합성명제이든 단순명제이든 간에 조건문 $p \rightarrow q$가 항진명제이면 이것을 **함의**(含意, implication)라 하고 $p \Rightarrow q$(p는 q를 뜻한다고 읽음)로써 표현한다.

다음 조건문은 모두 함의이다.

(1) $p \rightarrow p$

(2) $p \wedge q \rightarrow q \wedge p$

(3) $p \rightarrow p \wedge p$

(4) $p \wedge q \rightarrow p(\text{or } q)$

즉 $p \Rightarrow p$, $p \wedge q \Rightarrow q \wedge p$, $p \Rightarrow p \wedge p$, 그리고 $p \wedge q \Rightarrow p(\text{or } q)$.

수학에서 정리(theorem, proposition)는 참인 명제이다. 이러한 참인 명제의 정당성을 밝히는 일을 증명(proof)이라고 한다.

한편 몇 개의 명제 p, q, r, $\cdots$에 의하여 만들어진 합성명제 $Q(p,\ q,\ r,\ \cdots)$가 성분 p, q, r, $\cdots$의 참과 거짓에 상관없이 항상 결과가 거짓이면 그 합성명제 Q를 **항위명제**(恒僞命題) 또는 **모순**(contradiction)이라 하고, O 혹은 c로 표시한다.

항진명제의 부정은 항위명제가 되고 항위명제의 부정은 항진명제가 됨은 쉽게 알 수 있다.

▌정리 1

I, O와 p, q를 각각 항진명제, 항위명제와 임의의 명제들이라 할 때 다음이 성립한다.

① 합의 법칙(law of addition): $p \Rightarrow p \vee q$

② 단순화 법칙(law of simplification): $p \wedge q \Rightarrow p$, $p \wedge q \Rightarrow q$

③ $p \wedge I \Leftrightarrow p$, $p \vee I \Leftrightarrow I$
④ $p \vee O \Leftrightarrow p$, $p \wedge O \Leftrightarrow O$ } 항등법칙(Identity law)

⑤ $(p \wedge q) \vee r$와 $p \wedge (q \vee r)$은 논리적 동치가 아니다.

증명 각각의 경우에 진리표를 작성하면 쉽게 확인됨.
⑤의 증명은 다음의 예를 통해서 증명됨.

(예) $(p \wedge q) \vee I \not\equiv p \wedge (q \vee I)$. ■

일반적으로 명제논리에서 $\wedge$, $\vee$ 그리고 I와 O를 서로 쌍대(雙對, dual)라 하고 합성명제 명제논리에서 $\vee$, $\wedge$, I와 O를 각각 $\wedge$, $\vee$, O와 I로 바꾼 논리식을 원논리식의 쌍대식(dual expression)이라 한다. 쌍대에서도 논리적 동치관계는 변하지 않는다. 이것을 쌍대원리(principle of duality)라 한다.

▌정리 2

① $p \vee p = p$

①′ $p \wedge p \equiv p$ (멱등법칙: Idempotent law)

② $(p \vee q) \vee r \equiv p \vee (q \vee r)$

②′ $(p \wedge q) \wedge r \equiv p \wedge (q \wedge r)$ (결합법칙: associative law)

③ $p \vee q \equiv q \vee p$

③′ $p \wedge q \equiv q \wedge p$ (교환법칙: commutative law)

④ $p \vee (q \wedge r) \equiv (p \vee q) \wedge (p \vee r)$

④′ $p \wedge (q \vee r) \equiv (p \wedge q) \vee (p \wedge r)$ (분배법칙: distributive law)

⑤ $p \vee \sim p \equiv I$ (항진명제)

⑤′ $p \wedge \sim p \equiv O$ (항위명제)

⑥ $\sim (\sim p) \equiv p$

⑥′ $\sim I \equiv O$, $\sim O \equiv I$

⑦ $\sim (p \vee q) \equiv \sim p \wedge \sim q$

⑦′ $\sim (p \wedge q) \equiv \sim p \vee \sim q$ (드 모르간 법칙)

⑧ $(p \to q) \wedge (q \to r)$이면 $p \to r$ (추이법칙: transitive law)

⑨ $p \to q \equiv \sim q \to \sim p$ (대우법칙: contrapositive law)

⑩ $p \to q \equiv p \wedge \sim q \to q \wedge \sim q$ (배리법: reduction absurdum)

증명 아래의 표를 이용하여 증명한다. 즉 분배법칙 ④를 유의하여 점검해 보자.

표 6

p	q	r	$q \vee r$	$p \wedge q$	$p \wedge r$	$p \wedge (q \vee r)$	$(p \wedge q) \vee (p \wedge r)$
T	T	T	T	T	T	T	T
T	T	F	T	T	F	T	T
T	F	T	T	F	T	T	T
T	F	F	F	F	F	F	F
F	T	T	T	F	F	F	F
F	T	F	T	F	F	F	F
F	F	T	T	F	F	F	F
F	F	F	F	F	F	F	F

또 논리에서 자주 쓰이는 추이법칙(삼단논법이라고도 부름)(⑧)을 진리표를 통해 증명함.

표 7

$(p \to q)$	$\wedge$	$(q \to r)$	$\Rightarrow$	$(p \to r)$
$T\ T\ T$		$T\ T\ T$	T	T
$T\ T\ T$		$T\ F\ F$	T	F
$T\ F\ F$		$F\ T\ T$	T	T
$T\ F\ F$		$F\ T\ F$	T	F
$F\ T\ T$		$T\ T\ T$	T	T
$F\ T\ T$		$T\ F\ F$	T	T
$F\ T\ F$		$F\ T\ T$	T	T
$F\ T\ F$		$F\ T\ F$	T	T

이어서 드 모르간 법칙을 진리표를 통하여 증명하자.(⑦의 증명)

표 8

$\sim (p \wedge q)$	$\Leftrightarrow$	$\sim p \vee \sim q$
$F\ TTT$	T	$F\ F\ F$
$T\ TFF$	T	$F\ T\ T$
$T\ FFT$	T	$T\ T\ F$
$T\ FFF$	T	$T\ T\ T$

논리적 사고 방법에서 많이 쓰이는 것이 바로 대우증명법인데 ⑨의 증명을 통하여 대우증명법의 정당성을 검토한다.

표 9

$p \rightarrow q$	$\Leftrightarrow$	$\sim q \rightarrow \sim p$
TTT	T	$F\ T\ F$
TFF	T	$T\ F\ F$
FTT	T	$F\ T\ T$
FTF	T	$T\ T\ T$

위 정리의 다른 증명도 진리표를 이용하여 쉽게 진행할 수 있다. ■

동치명제 $p \Leftrightarrow q$에 대하여 q를 p이기 위한 필요충분조건(necessary and sufficient condition)이라 하고 p를 q이기 위한 충분필요조건(sufficient and necessary condition)이라 부를 수 있지만 편의상 p와 q는 서로 필요충분조건으로 부른다.

연습문제 1.2

1. 정리 1을 차례로 진리표를 통하여 증명하여라.

2. 정리 2에서 ⑥과 ⑩을 증명하여라.

3. 정리 2의 ⑦을 확장하여 다음을 증명하여라.
   ① $\sim (p \wedge q \wedge r) \equiv \sim p \vee \sim q \vee \sim r$

② $\sim(p \vee q \vee r) \equiv \sim p \wedge \sim q \wedge \sim r$

4. ① $p \wedge (p \vee r) \equiv p$

② $p \vee (p \wedge q) \equiv p$

임을 증명하여라. 이를 흡수법칙이라 한다.

1.3 추론

하나 또는 두 개 이상의 이미 알고 있는 판단을 기초로 하여 새로운 판단을 얻는 사고작용을 추론(推論; inference) 또는 간접사고(間接思考)라고 한다.

추론(추리)에는 귀납추리(induction), 연역추리(deduction), 유비추리(유추, analogy) 등이 있는데 추론의 다양한 방법 중에서 삼단논법(syllogism) 및 그의 변형에 관하여 알아본다.

귀납추론(induction) 또는 귀납법은 개별적인 특수한 사실이나 현상에서 그러한 사례들이 포함되는 일반적인 결론을 이끌어내는 추론 형식·추리 방법이다. 다시 말하면, 각각의 특수한 경험적 사실로부터 공통된 일반성을 찾아내어 보편적이고 일반적인 원리를 추리하는 방법이다. 즉 전제(혹은 가정)가 결론을 뒷받침하는 경우로 확률적 설명이라고도 한다.

귀납이라는 말은 '이끌려가다'는 뜻을 지닌 라틴어 'inductio, inducere'에서 비롯되었다. 곧 귀납은 개개의 구체적인 사실이나 현상에 대한 관찰로서 얻어진 인식을 그 유(類) 전체에 대한 일반적인 인식으로 이끌어가는 절차이며, 인간의 다양한 경험, 실천, 실험 등의 결과를 일반화하는 사고방식이다. 즉, 각각의 개별적인 사례로부터 출발해서 이론을 도출하는 것이라 할 수 있다.

귀납의 과정은 관찰 → 자료수집 → 개념·이론도출로 이어진다. 즉, 귀납은 구체적인 사실이나 원리로부터 일반적인 원리를 이끌어내는 추론이다.

논리학에서 연역법과는 달리 사실적 지식을 확장해 준다는 특징이 있지만, 전제가 결론의 필연성을 논리적으로 확립해 주지 못한다는 한계가 있기에, 귀납추론에 의하여 얻어진 명제는 증명이 요구된다.

연역적 추론(deductive reasoning) 혹은 **연역법**(deduction)은 참인 명제를 근거로 새로운 판단을 유도하는 추론이다. 여기서 참인 명제는 전제(조건 혹은 가정)이 되고, 새로운 판단이 요구되는 명제는 결론이다. 즉, 연역 추론으로는 참인 전제(혹은 가정)으로부터 절대적인 필요성을 가진 결론을 이끌어 낼 수 있다. 즉, 일반 원리(참인 명제)를 바탕으로 특수한 명제나 새로운 원리를 이끌어 내는 추론의 방법으로 경험에 의하지 않고 논리상 필연적인 결론을 나타내게 하는 것으로 삼단논법이 대표적인 형식이라 할 수 있다.

유비적 추론(유추: analogy)은 둘 이상의 대상이나 현상이 여러 면에서 비슷하다는 점을 근거로 결론을 이끌어 내는 방법이다. 즉, 어떤 하나의 명제에서 참일 때 그와 비슷한 명제도 참인 것으로 판단하는 추론방법이다. 그러기에 엄격한 논리를 사용하는 수학의 증명에서는 활용할 수 없다.

(예시)

전제: 어떤 신약을 쥐에게 투여했더니 쥐의 기억력이 좋아졌다.

결론: 그러므로 이 신약을 기억상실 환자에게 투여하면 환자의 기억력이 회복된다.

1.2절에서 정리 2에 의하여 추론의 밑바탕을 제공하였는데 이 절에서는 참인 명제가 있을 때 그것을 기본으로 하여 참인 명제를 유도하는 연역적 추론(deductive inference)에 관하여 알아본다.

1.2절 정리 2에서 요약된 법칙은 논리적 동치 및 함의를 검증하고, 연역적 추론을 진행하는 데 중요한 역할을 한다.

추론의 법칙에서 가장 많이 이용되는 것은 두 개의 조건문

$$p \to q,\ q \to r \text{이면 } p \to r$$

임을 1.2절의 정리 2의 ⑧에 의하여 추이법칙으로 소개하였다. 즉 그 추이법칙을 삼단논법(syllogism), 정확히 말하면 구성적 가언 삼단논법(構成的假言 三段論法; constructive hypothetical syllogism)이고 아래와 같은 많은 변형을 갖는다.

▎정리 3

① $(p \to q) \wedge (q \to r) \Rightarrow (p \to r)$이다.

② $(p \vee q) \wedge \sim p \Rightarrow q$

③ $(p \to q) \wedge p \Rightarrow q$

④ $(p \to q) \wedge \sim p \Rightarrow \sim p$

증명 ①의 증명은 정리 2에서 이미 끝났고 ②번을 증명한다.
다음은 조건문 $(p \vee q) \wedge (\sim p) \Rightarrow q$의 진리표이다.

표 10

$(p$	$\vee$	$q)$	$\wedge$	$\sim p$	$\Rightarrow$	q
T	T	T	F	F	T	T
T	T	F	F	F	T	F
F	T	T	T	T	T	T
F	F	F	F	T	T	F

표 10에서 알 수 있듯이 위 조건문은 항진명제임이 증명되었다. 한편 논리적 동치 개념(연역적 추론)을 이용하면 아래와 같이 증명된다.

$$\begin{aligned}(p \vee q) \wedge \sim p &\equiv \sim p \wedge (p \vee q) \\ &\equiv (\sim p \wedge p) \vee (\sim p \wedge q) \\ &\equiv O \vee (\sim p \wedge q) \\ &\equiv \sim p \wedge q \\ &\Rightarrow q\end{aligned}$$

이다. 그러므로 $(p \vee q) \wedge \sim p \to q$는 항진명제임을 알 수 있다.
③, ④의 증명도 ②와 같은 방법으로 증명된다. ■

▎정리 4

명제 p, q, r에 대하여 다음이 성립한다.

① $(p \to q) \wedge (p \to r) \equiv p \to q \wedge r$

② $(q \rightarrow p) \wedge (r \rightarrow p) \equiv q \vee r \rightarrow p$

③ $p \rightarrow (q \vee r) \equiv p \wedge \sim q \rightarrow r$

증명 ①, ②의 증명은 독자에서 맡기고 ③을 증명한다.

다음은 논리적 동치 $p \rightarrow (q \vee r) \equiv p \wedge \sim q \rightarrow r$의 진리표이다.

표 11

p	q	$\sim q$	r	$q \vee r$	$p \rightarrow q \vee r$	$p \wedge \sim q$	$(p \wedge \sim q) \rightarrow r$
T	T	F	T	T	T	F	T
T	T	F	F	T	T	F	T
T	F	T	T	T	T	T	T
T	F	T	F	F	F	T	F
F	T	F	T	T	T	F	T
F	T	F	F	T	T	F	T
F	F	T	T	T	T	F	T
F	F	T	F	F	T	F	T

표 11에서 위 명제는 논리적 동치임이 증명되었다.

한편 논리적 동치 개념(연역적 추론)을 이용하면 아래와 같이 증명된다.

$$
\begin{aligned}
p \rightarrow (q \vee r) &\equiv \sim (p \wedge \sim (q \vee r)) \\
&\equiv \sim p \vee (q \vee r) \\
&\equiv (\sim p \vee q) \vee r \\
&\equiv \sim (p \wedge \sim q) \vee r \\
&\equiv p \wedge \sim q \rightarrow r
\end{aligned}
$$

따라서 추이법칙에 의하여 $p \rightarrow q \vee r \equiv p \wedge \sim q \rightarrow r$이 성립한다. ■

명제의 표현에서 몇 가지 용어를 알아두자. 조건문 $p \rightarrow q$에서 p를 가정이라 하고 q를 결론이라 하는데 가정과 결론을 바꾸어 놓은 것, 즉 $q \rightarrow p$를 원래 명제의 역(converse)이라 한다. 가정과 결론을 부정한 것 $\sim p \rightarrow \sim q$를 이(reverse)라 하며, 이의 역, 즉 $\sim q \rightarrow \sim p$를 원래 명제의 대우(contraposition)라 한다.

예제 7

조건명제 "$x=2$이면 $x^2-4=0$이다"의 역, 이, 대우를 각각 구하여라.

풀이 역: $x^2-4=0 \rightarrow x=2$

이: $x \neq 2 \rightarrow x^2-4 \neq 0$

대우: $x^2-4 \neq 0 \rightarrow x \neq 2$ ■

위에서 알 수 있듯이 역, 이는 참이 아니나 대우는 원명제와 진리표가 같다. 즉, 원명제와 대우명제는 논리적 동치이다.

예제 8

진리표와 연역적 추론에 의하여 다음 명제를 증명하여라.

$$(p \rightarrow r) \vee (q \rightarrow s) \equiv (p \wedge q) \rightarrow (r \vee s)$$

풀이 먼저 논리적 동치 $(p \rightarrow r) \vee (q \rightarrow s) \equiv (p \wedge q) \rightarrow (r \vee s)$의 진리표를 알아본다.

표 12

p	r	$p \rightarrow r$	q	s	$q \rightarrow s$	$(p \rightarrow r) \vee (q \rightarrow s)$	$p \wedge q$	$r \vee s$	$(p \wedge q) \rightarrow (r \vee s)$
T	T	T	T	T	T	T	T	T	T
T	T		T	F	F		T		
T	T		F	T	T		F		
T	T		F	F	T		F		
T	F	F	T	T	T	T	T	T	T
T	F		T	F	F	F	T	F	F
T	F		F	T	T	T	F	T	T
T	F		F	F	T	T	F	F	T
F	T	T	T	T	T	T	F	T	T
F	T		T	F	F				
F	T		F	T	T				
F	T		F	F	T				
F	F	T	T	T	T	T	F	T	T
F	F		T	F	F			F	
F	F		F	T	T			T	
F	F		F	F	T			F	

이제 연역적 추론에 의하여 논리적 동치를 증명하자.

$$
\begin{aligned}
(p \to r) \lor (q \to s) &\equiv \sim (p \land \sim r) \lor \sim (q \land \sim s) \\
&\equiv (\sim p \lor r) \lor (\sim q \lor s) \\
&\equiv (\sim p \lor \sim q) \lor (r \lor s) \\
&\equiv \sim [(p \land q) \land \sim (r \lor s)] \\
&\equiv (p \land q) \to (r \lor s)
\end{aligned}
$$
■

앞에서 알 수 있듯이 이렇게 연역적 추론방법을 통하여 증명하는 것이 1.2절의 진리표를 이용하는 것보다 훨씬 수월성을 갖게 된다.

수학적 증명방법 중에 귀류법은 매우 자주 사용되고 있기에 귀류법의 논리적 성질을 알아보자.

귀류법이란 명제 $p \to q$를 증명함에 있어서 가정 p를 참이라 하고, 결론 q를 부정하여 모순(c)을 이끌어내는 증명방법이다. 이제 귀류법의 논리적 특성(배리법)을 알아보자.

❙ 정리 5 귀류법

$$p \to q \iff p \land (\sim q) \to c$$

증명 다음 진리표를 통하여 정리를 증명한다.

p	q	$\sim q$	$p \to q$	$\leftrightarrow$	$p \land \sim q$	$(p \land \sim q) \to c$	c
T	T	F	T	T	F	T	F
T	F	T	F	T	T	F	F
F	T	F	T	T	F	T	F
F	F	T	T	T	F	T	F

연역적 추론방법을 통해서 증명해보자.

$$
\begin{aligned}
p \land (\sim q) \to c &\equiv \sim (p \land \sim q) \lor c \\
&\equiv \sim p \lor q \lor c \\
&\equiv \sim p \lor q \\
&\equiv p \to q
\end{aligned}
$$
■

명제 중에서 자연수와 관련된 명제 $P(n)$의 타당성을 증명하는 데 절대적으로 사용되는 증명방법이 수학적 귀납법이다. 이제 수학적 귀납법(mathematical induction)의 원리를 알아보자.

▌수학적 귀납법의 원리

자연수 n에 관한 명제 $P(n)$에 대하여

(1) $n=1$일 때, $P(1)$이 참이다.

(2) 임의의 자연수 $n\,(n \geq 1)$에 대하여 $P(n)$이 참이라고 가정한 후 $P(n+1)$이 참임을 보인다. (즉 $P(n) \Rightarrow P(n+1)$이다.)

명제 $P(n)$이 성질 (1)과 (2)를 만족하면 모든 자연수 n에 대하여 $P(n)$은 참이다.

수학적 귀납법 원리는 자연수에 관한 "페아노의 공리"들 중에서 다섯 번째인 것이다(부록 참조). 위 성질 (2)에서 "$P(n)$이 참이다"라는 명제는 "귀납적 가정"이라고 한다.

연습문제 1.3

1. 연역적 추론 방법을 통하여 다음 명제들을 증명하여라.

   ① $(p \to q) \wedge (p \to r) \Leftrightarrow (p \to q \wedge r)$

   ② $(p \wedge q \to r) \Leftrightarrow (p \to (q \to r))$ (이출법칙: exportation law)

2. 다음 법칙을 연역적 추론 방법과 진리표에 의한 두 가지 방법으로 증명하여라.

   ① 구성적 양도논법(constructive dilemmas)

   $(p \to q) \wedge (r \to s) \Rightarrow (p \vee r \to q \vee s)$

   $(p \to q) \wedge (r \to s) \Rightarrow (p \wedge r \to q \wedge s)$

   ② 파괴적 양도논법(destructive dilemmas)

   $(p \to q) \wedge (r \to s) \Rightarrow (\sim q \vee \sim s) \to (\sim p \vee \sim r)$

   $(p \to q) \wedge (r \to s) \Rightarrow (\sim q \wedge \sim s) \to (\sim p \wedge \sim r)$

3. 다음 명제의 역, 이, 대우를 기술하여라.

① 두 정수가 모두 짝수이면 그 합은 짝수이다.

② $x=5$이면 $x^2+10x+25=0$이다.

4. 모든 자연수 n에 대하여 $1+2+3+\cdots+n=\dfrac{n(n+1)}{2}$임을 증명하여라.

5. $1\cdot 2+2\cdot 3+\cdots+n(n+1)=\dfrac{1}{3}n(n+1)(n+2)$임을 증명하여라.

1.4 명제와 한정기호

주어진 명제의 타당성을 검증하는 데 사고의 범위를 정해야 할 필요가 있다. 특히 변수를 갖고 있는 명제를 명제함수(propositional function)라 한다. 예를 들면, 명제함수 $P(x,\ y)$: $x^2+y^2=4$를 생각하자. 그때 그 x, y의 사고 범위를 어디까지 하느냐? 즉, 정수, 유리수 또는 실수 집합에서 $P(x,\ y)$를 생각할 것인가를 미리 정해두어야 한다. 그 명제의 사고범위를 그 명제의 대상영역(domain of discourse) 또는 모집단(universe of discourse)이라 한다.

이제 대상영역이 정해진 명제에서, 예를 들면 명제함수 $P(x)$를 "$x+5>2$"라고 하면 이 명제의 대상영역이 어디로 정해졌느냐에 따라 $P(x)$가 명제로서 의미가 있을 수도 그렇지 않을 수도 있다. 구체적으로, $P(x)$가 실수 집합 $\mathbb{R}$에서는 명제함수가 되지만 복소수 집합 $\mathbb{C}$ 위에서는 명제로서 의미가 없다.

1.1절에서 언급했듯이 대상영역 X 위에서 명제함수 $P(x)$에 대하여 진리집합 $T_P=\{x\,|\,x\in X,\ P(x):\ 참\}$을 회상해 놓자.

예제 9

대상영역 $\mathbb{R}^2$ 위에서 명제함수 "$P(x,\ y):\ x^2+y^2=4$"에 관하여

$T_P=\{(x,\ y)\,|\,x,\ y\in\mathbb{R},\ x^2+y^2=4\}$이다.

명제를 기술하는 데 주로 사용되는 언어가 있다. 예를 들면 명제가 "X의 모든 원 x에 대하여 $P(x)$가 참이다"라고 주어졌다고 생각하자. 그 명제 중에서 "모든(임의의)"이라는 말을 기호화하여 영문자 대문자 A를 거꾸로 쓴 기호 "∀"(all, arbitrary, every)로 표시하고, "대하여"(for)를 영문자 F를 대칭이동하여 만든 기호 "ㅋ"(for)로 표시한다. 우리는 기호 "∀ 및 ㅋ"를 전칭기호(universal quantifier)라고 한다.

예제 10

대상영역을 $X = \{1,\ 2,\ 3,\ 4\}$라 할 때 명제 "임의의 x에 대하여 $x > 0$이다"를 전칭기호를 사용하여 표현하면

$$\text{"ㅋ}\ {}^{\forall}x \in X,\ x > 0\text{"}$$

이다.

전칭기호와 더불어 명제에서 흔히 사용되는 기호가 바로 존재기호이다. 예를 들면, 대상영역 X에서 명제 $P(x)$가 "$P(x)$가 참(truth)인 $x(\in X)$가 적어도 하나 존재한다"에서 "존재한다(exist) 또는 어떤 …에 대하여 하나 존재한다"의 표현을 영문자 대문자 E자를 대칭이동하여 표시한 "∃"를 존재기호라고 한다. 그러나 편의상 전칭기호 (∀)와 존재기호(∃)를 모두 한정기호라 한다.

예제 11

$\{x \mid x+2<6,\ x \in \mathbb{N}\} = \{1,\ 2,\ 3\} \neq \phi$이므로 존재기호를 사용한 명제 "$\exists n \in \mathbb{N},\ n+2<6$"은 참(truth)이고 명제 "ㅋ $n \in \mathbb{N},\ n+6<2$"는 거짓(falsity)이다.

대상영역 X 위에서 명제 "임의의 $x(\in X)$에 대하여 $P(x)$이다"의 부정은 "$P(x)$가 성립하지 않는 x가 적어도 하나 존재한다"이다. 즉, 전칭기호를 사용하여

$$\text{ㅋ}\ {}^{\forall}x \in X,\ P(x) \qquad \cdots\ (*)$$

여기서 (*)의 부정은 $\sim(ㅋ\ ^\forall x \in X,\ P(x)) \equiv \exists x \in X$ s.t. $\sim P(x)$이다.

반례(counter example)

위 명제 (*)를 부정하기 위하여, 즉 명제 (*)가 거짓(falsity)임을 입증하기 위해서는 $P(x_0)$가 거짓인 x_0가 적어도 하나 존재함을 보이면 된다. 이와 같은 x_0를 명제 "ㅋ $^\forall x(\in X),\ P(x)$"의 반례(counter example)라고 한다.

예제 12

명제

$$\text{“ㅋ } ^\forall x := (x_1,\ y_1) \in \mathbb{C},\ \|x\| = \sqrt{x_1^2 + y_1^2} \neq 0\text{”} \qquad \cdots (**)$$

이 거짓임을 보이기 위하여 "$\exists\, 0(\in \mathbb{C})$ s.t. $\|0\| = 0$"이 성립함을 보이면 되기 때문에 수 0은 명제 (**)의 반례가 된다.

n개의 집합 $A_1,\ A_2,\ \cdots,\ A_n$의 데카르트 곱 $A_1 \times A_2 \times \cdots \times A_n$의 각 원 $(x_1,\ x_2,\ \cdots,\ x_n)$을 변수로 갖는 $A_1 \times A_2 \times \cdots \times A_n$ 위의 n변수 명제함수

$$P(x_1,\ x_2,\ \cdots,\ x_n)$$

이란 각 $(x_1,\ x_2,\ \cdots\ x_n) \in A_1 \times A_2 \times \cdots \times A_n$에 대하여 $P(x_1,\ x_2,\ \cdots,\ x_n)$이 참 또는 거짓인 명제가 되는 성질을 갖는 것을 말한다.

연습문제 1.4

1. 대상영역이 $X = \{1,\ 2,\ 3,\ 4,\ 5,\ 6\}$일 때 다음 명제의 진리집합을 구하여라.

   ① ㅋ $x \in X$ s.t. $x + 5 < 7$ 　　② ㅋ $x \in X,\ x + 5 \leq 10$

2. 다음 각 명제의 부정을 구하여라.

   ① ㅋ $^\forall y,\ \exists x$ s.t. $p(x) \vee q(y)$

   ② ㅋ $^\forall y,\ \exists x$ s.t. $p(x,\ y) \Rightarrow q(y)$

③ ㅋ $^\forall y,\ \exists x$ s.t. $x^2+2y<10$

3. 실수 집합 $\mathbb{R}$에서 점열 $\{a_1,\ a_2,\ \cdots\}$가 a에 수렴하는 정의, 즉

$$ㅋ\ ^\forall \varepsilon>0,\ \exists n_0\in\mathbb{N}\ \text{ s.t. }\ ㅋ\ ^\forall n(\in\mathbb{N})>n_0,\ |a_n-a|<\varepsilon \qquad \cdots\ (*)$$

의 부정을 구하여라.

4. 연역추리와 귀납추리를 설명하고, 이들의 특성을 기술하시오.

5. 귀납추리에 의하여 구성된 명제는 참일 필요가 없음을 보이시오.

제2장 집합의 개념

- 2.1 집합
- 2.2 부분집합, 집합의 상등
- 2.3 합집합, 교집합, 여집합
- 2.4 데카르트 곱(Cartesian product)
- 2.5 첨자붙은 집합의 연산

2.1 집합

집합에 관한 정의는 칸토어(George Cantor, 1845～1918)가 1895년에 발표한 논문 〉Beiträge zur Begründung der ransfiniten Mengenlehre(초한 집합론 설립에의 기여)〉에서 다음과 같이 직관적으로 정의하였다.

"직관 또는 사고의 대상으로서 내용규정이 명확하고 내용물들이 뚜렷이 구분되는 소위 원소(element)(혹은 구성원)들의 모임을 집합(set)이라고 한다"

집합을 이루고 있는 내용물 각각을 원소(element)라 한다.

위의 집합의 정의에서 내용규정이 명확하다는 것은 임의의 것을 취했을 때 그것이 그 집합의 원소인지 아닌지를 판정할 수 있음을 의미하고, 내용물이 뚜렷이 구분된다는 것은 취급하고 있는 대상의 임의의 두 개를 취해도 그것들이 같든가 또는 다르다든가를 판정할 수 있음을 의미한다.

예를 들면, "착한 사람들의 모임"은 어떤 사람이 착한 사람인지 혹은 아닌지의 규명이 명확하지 않아서 집합이라고 볼 수 없다.

다음은 집합의 예이다.

(a) A 대학의 수학과 학생들의 모임

(b) 모든 자연수의 모임

(c) 0과 1 사이의 유리수들의 모임

집합은 보통 영문 대문자 A, B, …로 표시하고 원소는 보통 영문 소문자 a, b, c, …로 표시한다. x가 집합 X의 원소임을

$$x \in X \text{ 또는 } X \ni x$$

로 표시하고 "x는 X에 속한다" 또는 "x는 X의 원소이다"라고 말한다.

한편 y가 집합 X의 원소가 아님을

$$y \notin X \text{ 또는 } X \not\ni y$$

로 표시하고, "y는 X에 속하지 않는다" 또는 "y는 X의 원소가 아니다"라고 말한다.

집합의 표시 방법으로 두 가지를 소개한다. 즉, 모든 원소를 열거하여 집합을

정의하는 것을 집합의 원소나열법 또는 외연적 정의라고 하고 집합의 원소의 성질을 기술하여 집합을 정의하는 것을 **조건제시법**(builder notation) 또는 집합의 내포적 정의라고 한다. 예를 들면, 1에서 10까지 짝수들의 모임을 집합 X로 표시하는 방법을 알아보자. 즉

(1) 집합 X의 원소는 2, 4, 6, 8, 10이므로

$$X=\{2,\ 4,\ 6,\ 8,\ 10\}$$

으로 표시하면 원소나열법으로 집합 X를 표현하는 것이고

(2) $X=\{x\,|\,x$는 짝수이다, $1 \le x \le 10\}$

으로 표시하면 조건제시법에 의하여 집합 X를 표현한 것이다.

예제 1

3차원 직교좌표계에서 **단위구**(unit sphere)를 다음과 같이 조건제시법에 의하여 표시한다. 즉

$$S=\{(x,\ y,\ z)\,|\,x^2+y^2+z^2=1\}$$

이다.

예제 2

3차원 직교좌표계에서 $ax+by+cz=0$을 만족하는 원점을 지나는 점들의 집합인 한 평면을 다음과 같이 조건제시법으로 표시한다. 즉

$$P=\{(x,\ y,\ z)\,|\,ax+by+cz=0\}$$

이다.

일반적으로 실수 a, b에 관하여 $a<b$라 할 때

$\{x\,|\,a \le x \le b\}=[a,\ b]$: 닫힌구간 (폐구간)

$\{x\,|\,a \le x < b\}=[a,\ b)$: 닫힌 열린구간 (폐개구간)

$$\{x \mid a < x \leq b\} = (a,\ b]:\ \text{열린 닫힌구간 (개폐구간)}$$
$$\{x \mid a < x < b\} = (a,\ b):\ \text{열린구간 (개구간)}$$

을 어느 것이나 a, b를 양 끝점으로 하는 구간이라 한다. 구간

$$\{x \mid x \geq a\} = [a,\ \infty), \quad \{x \mid x > a\} = (a,\ \infty)$$
$$\{x \mid x \leq a\} = (-\infty,\ a],\ \{x \mid x < a\} = (-\infty,\ a)$$

도 미적분학에서 자주 쓰인다.

한편 집합의 원소 개수관점에서 집합을 분류해 보면 유한개 원소를 갖는 집합을 유한집합(finite set)이라 하고, 유합집합이 아닌 집합을 무한집합(infinite set)이라고 한다. 특히 단 한 개의 원소로 이루어진 집합을 한원소집합(singleton)이라고 한다. 원소를 하나도 포함하지 않은 집합을 공집합(empty set)이라고 하고 { } 또는 ϕ로 표시한다.

앞으로 자주 사용되는 몇 개의 집합의 표시법을 익혀두자.

$\mathbb{N}$ = 자연수(natural number) 집합

$\mathbb{Z}$ = 정수(integer) 집합

$\mathbb{N}_0 = \{2n \mid n \in \mathbb{N}\}$

$\mathbb{N}_1 = \{2n-1 \mid n \in \mathbb{N}\}$

$\mathbb{Q}$ = 유리수(rational number) 집합

$\mathbb{Q}_+ = \{x \in \mathbb{Q} \mid x > 0\}$

$\mathbb{R}$ = 실수 집합

$\mathbb{R}_+ = \{x \in \mathbb{R} \mid x > 0\}$

$\boldsymbol{I} = [0,\ 1]$ (단위구간)

집합론의 증명과정에서 자주 사용되는 몇 가지 용어를 축약해 둔다. 즉,

존재한다(Exist): "$\exists$"

대하여(For): "ㅋ"

임의의(모든)(All 혹은 Arbitrary): "$\forall$"

필요충분조건: "$\Leftrightarrow$"

을 기억하자.

연습문제 2.1

1. 다음의 모임을 집합이라고 할 수 있겠는가? 집합이라고 할 수 없을 때는 그 이유를 설명하여라.

① 문자 a, b, c, d의 모임
② 서로 다른 실수 a, b에 대하여 a와 b 사이에 있는 모든 실수의 모임
③ 제곱하여 3이 되는 유리수의 모임
④ 아름다운 여자의 모임
⑤ 몸이 튼튼하고 마음이 곧은 남자의 모임

2. 다음 집합을 원소나열법으로 표시하여라.

$X = \{x \in \mathbb{N} \mid x < 10\}$, $Y = \{x \in \mathbb{Z} \mid x^2 \le 36\}$
$T = \{x \in \mathbb{Q} \mid 10x^2 + 3x - 1 = 0\}$, $W = \{x \in \mathbb{R} \mid x^3 + 1 = 0\}$

3. 다음 집합을 조건제시법으로 나타내어라.

$X = \{3, 4, 5, 6\}$, $Y = \{1, 3, 5, 7, 9, \cdots\}$
$T = \{1 - \sqrt{3}, 1 + \sqrt{3}\}$, $W = \{-\sqrt{2}, \sqrt{2}\}$

2.2 부분집합, 집합의 상등

두 집합 X와 Y가 같다 혹은 상등(相等)하다는 것은 같은 내용규정이 주어진 것으로 생각할 수 있다.

▌정의 1▐

두 집합 X, Y에 대하여 "X와 Y는 같다"라는 것은 X의 원소와 Y의 원소가 같음을 의미한다. 즉, $X = Y$의 의미는 임의의 $x \in X \Rightarrow x \in Y$이고 임의의 $y \in Y \Rightarrow y \in X$임을 뜻한다.

한편 X와 Y가 같지 않을 때 $X \neq Y$로 표현한다. 집합의 원소를 표시할 때 그 순서는 개의치 않는다. 즉, $\{x,\ y,\ z\}$나 $\{y,\ z,\ x\}$는 같은 집합이다.

집합의 정의에서 언급했듯이 집합의 원소들은 서로 상이(相異)하여야 하므로 $\{x,\ x,\ y\}$는 집합으로서 부적절한 표현이다. 즉, 집합 $\{x,\ x,\ y\}$는 $\{x,\ y\}$로 표현해야 한다.

집합을 원소로 하는 집합을 **집합족**(family of set)이라 한다. 예를 들면, A대학교 수학과 학생회는 학술부, 섭외부, 홍보부, 총무부로 이루어져 있다고 가정하자. 각 부서는 여러 학생들로 구성된 집합이다. 그러므로 수학과 학생회는 집합 학술부, 섭외부, 홍보부, 총무부를 원소로 갖는 집합족인 것이다. 집합족의 개념과 집합의 개념과의 구별성을 생각해 본다. 즉 $\{a\}$와 a는 같지 않고 집합 A와 집합족 $\{A\}$는 다른 것이다.

▌정의 2▐

집합 A의 모든 원소가 집합 B의 원소일 때 A는 B의 **부분집합**(subset)이라고 한다. 또는 A는 B에 포함된다, 혹은 집합 B는 집합 A를 포함한다, 혹은 B는 A의 **초집합**(super set)이라 하고

$$A \subseteq B \text{ 또는 } B \supseteq A$$

로 표시한다.

예를 들면, $\{a,\ b\} \subseteq \{a,\ b,\ c\}$이고 홀수 전체의 집합 $\{2n-1 \mid n \in \mathbb{N}\}$는 자연수 집합 $\mathbb{N} = \{1,\ 2,\ 3,\ \cdots\}$의 부분집합이다.

부분집합의 정의에 의하여 모든 집합 A에 대하여 $A \subseteq A$이다. $A \subseteq B$이면서 $A \neq B$일 때 A는 B의 **진부분집합**(proper subset)이라 하고 $A \subset B$로 표시하거나 A가 B의 진부분집합임을 강조하기 위하여 $A \subsetneq B$로 표시하기도 한다. 그러나 현대수학에서는 혼동이 되지 않을 때 $\subseteq$을 간략하게 $\subset$으로 쓰기도 한다.

여기서 정의 1에서 언급한 두 집합의 상등

$$A = B \iff A \subseteq B,\ B \subseteq A$$

임을 쉽게 이해할 수 있다.

정리 1

공집합은 모든 집합의 부분집합이다.

증명 (1) 위 명제 "임의의 집합 A에 대하여 $\phi \subset A$이다"의 대우명제를 생각하자. 즉, '임의의 $x \notin A$, $x \notin \phi$이다'는 자명한 명제이다. 그러므로 대우명제와 명제는 진리표가 같으므로 정리는 증명된다.

(2) 또 다른 방법으로, 임의의 집합 A에 대하여, 임의의 $x \in \phi$이면 $x \in A$임을 보이면 되는데 가정 "$x \in \phi$"이 거짓이므로 합성명제 "$x \in \phi$이면 $x \in A$"은 항진명제이다. ■

정리 2

(1) $A \subseteq A$

(2) $A \subseteq B \subseteq A \Leftrightarrow A = B$

(3) $A \subseteq B \subseteq C \Rightarrow A \subseteq C$

증명 (3)의 증명만 하겠다. 임의의 $x \in A$이면 $x \in B$이다($\because A \subseteq B$). 그리고 임의의 $x \in B$이면 $x \in C$이다($\because B \subseteq C$). 그러므로 임의의 $x \in A$이면 $x \in C$이므로 $A \subseteq C$이다. ■

어떤 집합 X의 모든 부분집합들로써 이루어진 집합은 한 집합족을 형성하는데 이것을 X의 **멱집합**(power set)이라 하고 $P(X)$ 혹은 2^X으로 표시한다.

예제 1

집합 $X = \{x_1, x_2, x_3, \cdots, x_n\}$의 멱집합의 원소의 개수를 구하여라.

풀이 r개의 원소를 갖는 X의 부분집합의 개수는 n개의 원소 $x_1, x_2, x_3, \cdots, x_n$에서 r개의 원소를 취한 조합(combination) ${}_nC_r$이므로 $P(X)$의 원소의 개수는

$$ {}_nC_0 + {}_nC_1 + {}_nC_2 + \cdots + {}_nC_n = (1+1)^n = 2^n $$

이다. ■

연습문제 2.2

1. 집합 A의 부분집합 B에 대하여 $P(A:B)=\{X\in P(A)\,|\,X\supseteq B\}$라고 놓는다. $A=\{x, y, z, w\}$, $B=\{x, y\}$일 때 집합 $P(A:B)$를 원소나열법으로 나타내어라. 아울러 $P(A:B)$의 원소의 개수를 밝혀라.

2. 집합 A, B가 $A\subseteq B$이면 $P(A)\subseteq P(B)$임을 증명하여라.

2.3 합집합, 교집합, 여집합

집합의 여러 가지 연산과 성질을 알아보자.

▌정의 3▐

임의의 두 집합 X, Y에 대하여 X 또는 Y에 속하는 모든 원소로 이루어진 집합을 X와 Y의 합집합(union)이라 하고 $X\cup Y$로 표시한다. 즉,

$$X\cup Y=\{x\,|\,x\in X \text{ 혹은 } x\in Y\}$$

이다.

▌정의 4▐

임의의 두 집합 X와 Y에 대하여 X와 Y에 동시에 속하는 원소로 이루어진 집합을 X와 Y의 교집합(intersection)이라 하고 $X\cap Y$로 표시한다. 즉,

$$X\cap Y=\{x\,|\,x\in X,\ x\in Y\}$$

이다.

특히, $X \cap Y = \phi$이면 집합 X, Y는 서로소(disjoint)인 집합이라고 한다. 예를 들면,

$$X = \{a, b, c, d\}, \quad Y = \{e, f, g\}$$

이면 그 X와 Y는 서로소인 집합이다.

| 정의 5 |

두 집합 X, Y에 대하여 X의 원소들 중에서 Y와 공통인 원소를 제외한 X의 나머지 원소들로 이루어진 집합을 X에 대한 Y의 **차집합** 또는 X에 관한 Y의 **여집합**(complement of Y over X)이라고 하고 $X - Y$로 표시한다. 즉

$$X - Y = \{x | x \in X, \ x \notin Y\}$$

예제 4

$X = \{a, b, c, d\}$, $Y = \{c, d, e, f\}$라고 할 때 $X - Y = \{a, b\}$이다.

수학적 문제상황에서 사고의 최대한 영역이 설정되어 있다. 즉, 입체기하학에서는 $\mathbb{R}^3$공간, 평면기하학에서는 평면 $\mathbb{R}^2$, 실수의 고찰에서는 실수 집합을 예로 들 수 있다. 이와 같은 영역을 그 문제상황에서 고려할 수 있는 **전체집합**(universal set) 혹은 모집합(母集合)이라 하고 U로 표시한다.

여기서 전체집합에 관한 집합 A의 여집합, $U - A$를 A의 여집합이라 하고 A^C로 표시한다.

예제 5

전체집합으로서 자연수 집합을 설정할 때 짝수들의 집합 $\mathbb{N}_0$의 여집합은 홀수들의 집합 $\mathbb{N}_1$이 됨을 쉽게 알 수 있다.

즉, $\mathbb{N}_0^C \equiv \mathbb{N} - \mathbb{N}_0 = \mathbb{N}_1$.

▍정리 3

집합 A, B, C에 관하여 다음과 같은 집합의 연산이 성립한다.

(1) $A - B = A \cap B^C$

(2) $\phi^C = U$, $U^C = \phi$

(3) $(A^C)^C = A$

(4) $\begin{pmatrix} A \cup \phi = A \\ A \cap U = A \end{pmatrix}$ (항등법칙: identity law)

(5) $\begin{pmatrix} A \cup A = A \\ A \cap A = A \end{pmatrix}$ (멱등법칙: idempotent law)

(6) $\begin{pmatrix} A \cup B = B \cup A \\ A \cap B = B \cap A \end{pmatrix}$ (교환법칙: commutative law)

(7) $\begin{pmatrix} A \cup (B \cup C) = (A \cup B) \cup C \\ A \cap (B \cap C) = (A \cap B) \cap C \end{pmatrix}$ (결합법칙: associative law)

(8) $\begin{pmatrix} A \cap (B \cup C) = (A \cap B) \cup (A \cap C) \\ A \cup (B \cap C) = (A \cup B) \cap (A \cup C) \end{pmatrix}$ (분배법칙: distributive law)

증명 (1)~(7)의 증명은 독자의 연습문제로 남긴다. (8)을 증명한다.

임의의 $x \in A \cap (B \cup C) \Leftrightarrow x \in A,\ x \in B \cup C$

$\Leftrightarrow x \in A,\ (x \in B$ 혹은 $x \in C)$

$\Leftrightarrow x \in A,\ x \in B$ 혹은 $x \in A,\ x \in C$

$\Leftrightarrow x \in A \cap B$ 혹은 $x \in A \cap C$

$\Leftrightarrow x \in (A \cap B) \cup (A \cap C)$ ■

▍정리 4 드 모르간 법칙(De Morgan law)

(1) $(A \cup B)^C = A^C \cap B^C$

(2) $(A \cap B)^C = A^C \cup B^C$

증명 (1) 임의의 $x \in (A \cup B)^C \Leftrightarrow x \notin A \cup B$

$$\Leftrightarrow x \notin A,\ x \notin B$$
$$\Leftrightarrow x \in A^C,\ x \in B^C$$
$$\Leftrightarrow x \in A^C \cap B^C$$

(2) (1)의 A, B 대신에 A^C, B^C를 대입하면 $(A^C \cup B^C)^C = (A^C)^C \cap (B^C)^C = A \cap B$이다. 양변에 여집합을 취하면 $A^C \cup B^C = (A \cap B)^C$. ■

예제 6

임의의 집합 A, B에 대하여 $A - B = A - (A \cap B)$임을 보여라.

풀이 $A - (A \cap B) = A \cap (A \cap B)^C$

$$= A \cap (A^C \cup B^C)$$
$$= (A \cap A^C) \cup (A \cap B^C)$$
$$= \phi \cup (A \cap B^C)$$
$$= A - B.$$
■

▎정리 5

집합 A, B에 대하여 다음이 성립한다.

(1) $A \subseteq B \Leftrightarrow B^C \subseteq A^C$

(2) $A,\ B \subseteq C \Leftrightarrow A \cup B \subseteq C$

(3) $C \subseteq A,\ C \subseteq B \Leftrightarrow C \subseteq A \cap B$

증명 (1), (2)는 독자에게 연습문제로 남긴다. (3)을 증명한다.

($\Rightarrow$) 임의의 $x \in C \Rightarrow x \in A,\ x \in B \Rightarrow x \in A \cap B$이다.

($\Leftarrow$) 임의의 $x \in C \Rightarrow x \in A,\ x \in B (\because C \subseteq A \cap B) \Rightarrow C \subseteq A,\ C \subseteq B$이다.

■

더 나아가 $A \subseteq C$, $B \subseteq D$이면 $A \cup B \subseteq C \cup D$이고 $A \cap B \subseteq C \cap D$도 성립한다.

정리 6

다음 명제들은 서로 동치이다.

(1) $A \subseteq B$

(2) $A = A \cap B$

(3) $B = A \cup B$

증명 생략. ■

집합에 관한 어떤 명제에서 합집합 $\cup$와 교집합 $\cap$을 서로 바꾸고 전체집합 U와 공집합 ϕ를 서로 바꾼 명제를 쌍대(duality)라 한다.

예제 7

명제 $(\phi \cap B) \cup (A \cap U) = A$의 쌍대는 $(U \cup B) \cap (A \cup \phi) = A$이다.

연습문제 2.3

1. $A - B = A \cap B^C$임을 증명하라.

2. 정리 3의 (1)~(7)을 차례로 증명하여라.

3. 정리 5의 (1)~(2)를 차례로 증명하여라.

4. 정리 6을 증명하여라.

5. 임의의 세 집합 A, B, C에 대하여 다음이 성립함을 증명하여라.

   (1) $(A \cap B \cap C)^C = A^C \cup B^C \cup C^C$

   (2) $(A \cup B \cup C)^C = A^C \cap B^C \cap C^C$

6. 임의의 두 집합 A, B에 대하여 다음이 성립함을 증명하여라.

$$(A-B)\cup(B-A)=(A\cup B)-(A\cap B)$$

7. (1) $X\cap(Y-Z)=X\cap Y-X\cap Z$임을 증명하여라.
   (2) $X\cup(Y-Z)\neq X\cup Y-X\cup Z$임을 예를 들어 보여라.

2.4 데카르트 곱(Cartesian product)

앞에서 기술한 집합의 연산에 의하여 또 다른 집합을 생성하였다. 그러나 데카르트가 창시한 데카르트 곱은 수학의 많은 개념을 집합에 관련시켜 생각할 수 있게 만든 매우 중요한 개념이다. 임의의 두 개의 대상 a, b에 대하여 a, b의 순서쌍(ordered pair) (a, b)를 도입한다. 즉, (a, b)에는 a, b의 순서가 중요하고 순서쌍 (a, b)와 (c, d)와 관련하여

$$(a, b)=(c, d) \Leftrightarrow a=c,\ b=d$$

로 상등관계를 정의한다. 즉, 순서쌍 (a, b)와 (b, a)는 일반적으로 다르다. 데카르트가 해석기하학을 창시하면서 만든 데카르트 평면(Cartesian plane)은 실수의 모든 순서쌍의 집합으로 생각할 수 있다. 그 데카르트 평면을 현대집합론에서 확대한 것이 바로 데카르트 곱이다.

❙ 정의 6 ❙

임의의 두 집합 X, Y에 대하여 $x\in X$, $y\in Y$의 모든 순서쌍 (x, y)의 집합을 X와 Y의 데카르트 곱(Cartesian product)이라고 하고, $X\times Y$로 표시한다. 즉,

$$X\times Y=\{(x, y)\mid \text{임의의 } x\in X,\ y\in Y\}$$

이고 $X=Y$이면 $X\times Y=X^2=Y^2$으로 표시하기로 한다.

예제 7

$X = \{a,\ b,\ c,\ d\}$, $Y = \{1,\ 2\}$에 대하여 $X \times Y$, $Y \times X$를 구하여라.

풀이 정의 6에 의하여 $X \times Y = \{(a,\ 1),\ (b,\ 1),\ (c,\ 1),\ (d,\ 1),\ (a,\ 2),\ (b,\ 2),\ (c,\ 2),\ (d,\ 2)\}$이고, $Y \times X = \{(1,\ a),\ (1,\ b),\ (1,\ c),\ (1,\ d),\ (2,\ a),\ (2,\ b),\ (2,\ c),\ (2,\ d)\}$이다. ■

임의의 집합 X, Y에 대하여, 일반적으로 $X \times Y \neq Y \times X$이다.

예제 8

$\mathbb{R}$(실수 집합)에 대하여 $\mathbb{R} \times \mathbb{R} = \mathbb{R}^2 = \{(x,\ y) \mid x,\ y \in \mathbb{R}\}$는 좌표평면을 나타낸다.

순서쌍을 확대하여 세 개 이상의 대상으로 만드는 순서조(組)에 대하여 알아본다. 즉, n개의 순서조 $(x_1,\ x_2,\ x_3,\ \cdots,\ x_n)$에 대해서도 상등개념을 자연스럽게 적용할 수 있다. 즉,

$$(x_1,\ x_2,\ x_3,\ \cdots,\ x_n) = (y_1,\ y_2,\ y_3,\ \cdots,\ y_n)$$
$$\Leftrightarrow \text{임의의 } i \in \{1,\ 2,\ \cdots,\ n\},\ x_i = y_i$$

이다. n개의 집합 $X_1,\ X_2,\ \cdots,\ X_n$에 대하여

$$X_1 \times X_2 \times \cdots \times X_n = \left\{(x_1,\ x_2,\ \cdots,\ x_n) \mid \exists\ {}^{\forall} x_i \in X_i,\ i \in \{1,\ 2,\ \cdots,\ n\}\right\}$$

이고, 실수 집합 $\mathbb{R}$으로부터 $\overbrace{\mathbb{R} \times \mathbb{R} \times \cdots \times \mathbb{R}}^{n\text{개}} = \mathbb{R}^n$은 n차원 실수공간이 된다.

예제 9

임의의 집합 X에 대하여 $X \times \phi$, $\phi \times X$를 구하여라.

풀이 $X \times \phi$는 $x \in X$, $y \in \phi$인 모든 순서쌍 $(x,\ y)$의 집합이나 공집합 ϕ에는 원소가 없으므로 $X \times \phi = \phi$이다. 같은 방법으로 $\phi \times X = \phi$이다. ■

더 나아가, $X\times Y = Y\times X \Leftrightarrow X = Y$이거나 $X=\phi$ 혹은 $Y=\phi$이다.

예제 10

$X = S^1 = \{(x,\ y) \mid x^2+y^2=1\} (\subseteq \mathbb{R}^2)$이고 $I=[0,\ 1]$이라 할 때 $X\times I = S^1 \times I$는 $\mathbb{R}^3$에서 높이가 1인 원통의 표면상의 점들의 집합으로 생각한다.

정리 7

임의의 집합 X, Y, Z에 대하여 다음이 성립한다.

(1) $X\times(Y\cap Z) = (X\times Y)\cap(X\times Z)$

(2) $X\times(Y\cup Z) = (X\times Y)\cup(X\times Z)$

(3) $X\times(Y-Z) = (X\times Y)-(X\times Z)$

증명 (1) 임의의 $(x,\ t)\in X\times(Y\cap Z) \Leftrightarrow x\in X,\ t\in Y\cap Z$

$\Leftrightarrow x\in X,\ (t\in Y,\ t\in Z)$

$\Leftrightarrow (x\in X,\ t\in Y),\ (x\in X,\ t\in Z)$

$\Leftrightarrow (x,\ t)\in X\times Y,\ (x,\ t)\in X\times Z$

$\Leftrightarrow (x,\ t)\in X\times Y\cap X\times Z.$

(2) (1)의 증명과 비슷하다.

(3) 임의의 $(x,\ t)\in X\times(Y-Z) \Leftrightarrow x\in X,\ t\in Y-Z$

$\Leftrightarrow x\in X,\ (t\in Y,\ t\notin Z)$

$\Leftrightarrow (x\in X,\ t\in Y),\ (x\in X,\ t\notin Z)$

$\Leftrightarrow (x,\ t)\in X\times Y,\ (x,\ t)\notin X\times Z$

$\Leftrightarrow (x,\ t)\in X\times Y - X\times Z.$ ■

연습문제 2.4

1. 집합 $X=\{1,\ 2,\ 3\}$, $Y=\{4,\ 5\}$일 때 $X\times Y$를 $\mathbb{R}^2$평면에 표시해 보아라.

2. 다음 집합들을 데카르트 공간($\mathbb{R}^n$) 위에 그림으로 표시해 보아라.

(1) $\{(x,\ y)\in\mathbb{R}^2 | y > x^2\}$

(2) $S^1\times S^1$, 여기서 $S^1=\{(x,\ y)\in\mathbb{R}^2 | x^2+y^2=1\}$.

3. 두 집합 X, Y에 대하여 $X\times Y=Y\times X$이 성립하기 위한 필요충분조건은 무엇인가?

4. 임의의 집합 X, Y, Z에 대하여 $X\subseteq Y$이면 $X\times Z\subseteq Y\times Z$임을 증명하여라.

5. 임의의 집합 X, Y, Z, W에 대하여

$$(X\times Z)\cap(Y\times W)=(X\cap Y)\times(Z\cap W)$$

임을 증명하여라.

6. $(A\cup B)\times(C\cup D)\neq(A\times C)\cup(B\times D)$임을 보여라.

7. $P(X\times Y)=P(X)\times P(Y)$임을 증명하시오.

2.5 첨자붙은 집합의 연산

집합 $M=\{1,\ 2,\ 3,\ 4,\ 5\}$와 집합족 $\{X_1,\ X_2,\ X_3,\ X_4,\ X_5\}$가 주어져서 각 원 $i\in M$에 대하여 X_i를 대응할 때 i를 첨자(index)라 하고, M을 **첨자집합**(index set)이라 하며, 각 X_i를 **첨자붙은 집합**(indexed set)이라 한다. 그 첨자붙은 집합들의 족(family)$\{X_1,\ X_2,\ X_3,\ X_4,\ X_5\}$를 간단히 $\{X_i | i\in M\}$ 또는 $\{X_i\}_{i\in M}$으로 표시하고 **첨자붙은 집합족**(the family of indexed sets)이라고 한다. 여기서 첨자집합 M은 유한집합 및 무한집합일 수 있다. 집합의 다양한 연산에서 첨자붙은 집합들이 훨씬 다루기가 쉬우므로 이 절을 특히 유념할 필요가 있다. 예를 들면

$$X_1 \bigcup X_2 \bigcup \cdots \bigcup X_{10} \text{을 } \bigcup_{i \in M} X_i \text{ (여기서 } M = \{1, 2, \cdots, 10\}\text{)}$$

으로 표시하면 훨씬 수학적인 표현방법이 될 것이다.

| 정의 7 |

임의의 첨자집합 M에 대하여

$$\bigcup_{i \in M} X_i = \{x \mid \exists i \in M \text{ s.t. } x \in X_i\} \text{ (첨자붙은 집합의 합집합)}$$

이고

$$\bigcap_{i \in M} X_i = \{x \mid \text{임의의 } i \in M, x \in X_i\} \text{ (첨자붙은 집합의 교집합)}$$

이다.

예제 11

임의의 집합 X에 대하여 $X = \bigcup \{\{x\} \mid x \in X\}$이다. 즉, $X = \bigcup_{x \in X} \{x\}$이다.

예제 12

$X_n = (0, \frac{1}{n})$이라 할 때 $\bigcup_{n \in \mathbb{N}} X_n = (0, 1)$이고 $\bigcap_{n \in \mathbb{N}} X_n = \phi$이다.
두 번째의 명제는 귀류법을 사용하여 증명된다.

예제 13

$Y_n = [0, \frac{1}{n})$이라 할 때 $\bigcap_{n \in \mathbb{N}} Y_n = \{0\}$이다.
귀류법을 사용하여 증명된다.

예제 14

첨자집합 $M=\{1,\ 2,\ 3,\ 4\}$, $A_1=\{a,\ b,\ c,\ d\}$, $A_2=\{b,\ c,\ d\}$, $A_3=\{a,\ b,\ c\}$, $A_4=\{b\}$에 대하여

(1) $\bigcup_{\alpha\in M} A_\alpha=\{a,\ b,\ c,\ d\}$이고

(2) $\bigcap_{\alpha\in M} A_\alpha=\{b\}$이다.

▌정리 8 일반 드 모르간 법칙(generalized De Morgan law)

임의의 집합족 $\{X_\alpha | \alpha\in M\}$에 대하여 다음이 성립한다.

(1) $(\bigcup_{\alpha\in M} X_\alpha)^C=\bigcap_{\alpha\in M} X_\alpha^C$

(2) $(\bigcap_{\alpha\in M} X_\alpha)^C=\bigcup_{\alpha\in M} X_\alpha^C$

증명 (1) 임의의 $x\in(\bigcup_{\alpha\in M} X_\alpha)^C \equiv \sim(x\in \bigcup_{\alpha\in M} X_\alpha)$

$$\begin{aligned}&\equiv \sim(\exists\, \alpha\in M,\ \text{s.t. } x\in X_\alpha)\\ &\equiv \text{임의의 } \alpha\in M,\ x\notin X_\alpha\\ &\equiv \text{임의의 } \alpha\in M,\ x\in X_\alpha^C\\ &\equiv x\in\bigcap_{\alpha\in M} X_\alpha^C.\end{aligned}$$

(2) (1)의 증명과 비슷한 방법으로 증명되므로 독자의 연습문제로 남긴다. ■

▌정리 9

집합족 $\{X_\alpha | \alpha\in M\}$에 대하여 $M=\phi$이면 다음이 성립한다.

(1) $\bigcup_{\alpha\in\phi} X_\alpha=\phi$

(2) $\bigcap_{\alpha\in\phi} X_\alpha=U$

증명 (1) 임의의 $x \in U$에 대하여 $x \not\in \bigcup_{\alpha\in\phi} X_\alpha$임을 보이면 된다. 즉,

$$x \not\in \bigcup_{\alpha\in\phi} X_\alpha \equiv \sim (x \in \bigcup_{\alpha\in\phi} X_\alpha)$$

$\equiv \sim$(적당한 $\alpha\in\phi$에 대하여 $x\in X_\alpha$)

$\equiv$ 모든 $\alpha\in\phi$에 대하여 $x\not\in X_\alpha$(항상 참명제(항진명제)이다)

(2) 드 모르간 법칙을 활용하여 (1)의 증명을 이용한다. ■

첨자붙은 집합족의 합집합, 교집합 및 집합연산을 공부하자.

정리 10

(1) $X\cap(\bigcup_{\alpha\in M} Y_\alpha) = \bigcup_{\alpha\in M}(X\cap Y_\alpha)$

(2) $X\cup(\bigcap_{\alpha\in M} Y_\alpha) = \bigcap_{\alpha\in M}(X\cup Y_\alpha)$

증명 (1) 임의의 $t\in X\cap(\bigcup_{\alpha\in M} Y_\alpha) \Leftrightarrow t\in X,\ t\in\bigcup_{\alpha\in M} Y_\alpha$

$\Leftrightarrow t\in X,\ (\exists\,\alpha\in M,\ \text{ s.t. }\ t\in Y_\alpha)$

$\Leftrightarrow \exists\,\alpha\in M,\ \text{ s.t. }\ t\in(X\cap Y_\alpha)$

$\Leftrightarrow t\in\bigcup_{\alpha\in M}(X\cap Y_\alpha).$

(2) 증명 생략. ■

정리 11

(1) $X\times(\bigcup_{\alpha\in M} Y_\alpha) = \bigcup_{\alpha\in M}(X\times Y_\alpha)$

(2) $X\times(\bigcap_{\alpha\in M} Y_\alpha) = \bigcap_{\alpha\in M}(X\times Y_\alpha)$

증명 (1) 임의의 $(x,\ y)\in X\times(\bigcup_{\alpha\in M} Y_\alpha) \Leftrightarrow x\in X,\ y\in\bigcup_{\alpha\in M} Y_\alpha$

$$\Leftrightarrow x \in X, \ (\exists \alpha \in M, \ \text{s.t.} \ y \in Y_\alpha)$$
$$\Leftrightarrow \exists \alpha \in M, \ (x, y) \in X \times Y_\alpha$$
$$\Leftrightarrow (x, y) \in \bigcup_{\alpha \in M} X \times Y_\alpha.$$

(2) 생략. ■

▎정리 12

정리 10과 정리 11을 확장하면 다음이 성립한다.

(1) $(\bigcup_{\alpha \in M} X_\alpha) \cap (\bigcup_{\beta \in L} Y_\beta) = \bigcup_{(\alpha, \beta) \in M \times L} X_\alpha \cap Y_\beta.$

(2) $(\bigcap_{\alpha \in M} X_\alpha) \cup (\bigcap_{\beta \in L} Y_\beta) = \bigcap_{(\alpha, \beta) \in M \times L} X_\alpha \cup Y_\beta.$

(3) $(\bigcup_{\alpha \in M} X_\alpha) \times (\bigcup_{\beta \in L} Y_\beta) = \bigcup_{(\alpha, \beta) \in M \times L} (X_\alpha \times Y_\beta).$

(4) $(\bigcap_{\alpha \in M} X_\alpha) \times (\bigcap_{\beta \in L} Y_\beta) = \bigcap_{(\alpha, \beta) \in M \times L} (X_\alpha \times Y_\beta).$

증명 (1) ㅋ $\forall \ t \in (\bigcup_{\alpha \in M} X_\alpha) \cap (\bigcup_{\beta \in L} Y_\beta)$

$$\Leftrightarrow t \in \bigcup_{\alpha \in M} X_\alpha, \ t \in \bigcup_{\beta \in L} Y_\beta$$
$$\Leftrightarrow \exists \alpha \in M \ \text{s.t.} \ t \in X_\alpha, \ \exists \beta \in L \ \text{s.t.} \ t \in Y_\beta$$
$$\Leftrightarrow \exists (\alpha, \beta) \in M \times L \ \text{s.t.} \ t \in X_\alpha \cap Y_\beta$$
$$\Leftrightarrow t \in \bigcup_{(\alpha, \beta) \in M \times L} X_\alpha \cap Y_\beta.$$

(2) 생략.

(3) ㅋ $\forall \ (x, y) \in (\bigcup_{\alpha \in M} X_\alpha) \times (\bigcup_{\beta \in L} Y_\beta)$

$$\Leftrightarrow x \in \bigcup_{\alpha \in M} X_\alpha, \ y \in \bigcup_{\beta \in L} Y_\beta$$
$$\Leftrightarrow \exists \alpha \in M \ \text{s.t.} \ x \in X_\alpha, \ \exists \beta \in L \ \text{s.t.} \ y \in Y_\beta$$
$$\Leftrightarrow \exists (\alpha, \beta) \in M \times L \ \text{s.t.} \ (x, y) \in X_\alpha \times Y_\beta$$
$$\Leftrightarrow (x, y) \in \bigcup_{(\alpha, \beta) \in M \times L} X_\alpha \times Y_\beta.$$

(4) 생략. ■

연습문제 2.5

1. 정리 8의 (2)를 증명하여라.

2. 정리 9의 (2)를 증명하여라.

3. 정리 10의 (2)를 증명하여라.

4. 정리 11의 (2)를 증명하여라.

5. 정리 12의 (2), (4)를 증명하여라.

6. 다음 등식을 증명하여라.

   (1) $X-(\bigcup_{\alpha=1}^{n} X_\alpha)=\bigcap_{\alpha=1}^{n}(X-X_\alpha)$

   (2) $X-(\bigcap_{\alpha=1}^{n} X_\alpha)=\bigcup_{\alpha=1}^{n}(X-X_\alpha)$

7. 임의의 $\alpha\in M$, $X_\alpha \subseteq Y_\alpha \Rightarrow$ (1) $\bigcup_{\alpha\in M} X_\alpha \subseteq \bigcup_{\alpha\in M} Y_\alpha$

   (2) $\bigcap_{\alpha\in M} X_\alpha \subseteq \bigcap_{\alpha\in M} Y_\alpha$임을 증명하여라.

8. 각 $\alpha\in\Lambda$에 대하여 $A_\alpha, B_\alpha \subseteq X_\alpha$일 때 다음이 성립함을 보이시오.

   (1) $\left(\prod_{\alpha\in\Lambda} A_\alpha\right)\cap\left(\prod_{\alpha\in\Lambda} B_\alpha\right)=\prod_{\alpha\in\Lambda}(A_\alpha\cap B_\alpha)$

   (2) $\left(\prod_{\alpha\in\Lambda} A_\alpha\right)\cup\left(\prod_{\alpha\in\Lambda} B_\alpha\right)\neq\prod_{\alpha\in\Lambda}(A_\alpha\cup B_\alpha)$

   (힌트: $A_1=\{1\}$, $A_2=\{2\}\subseteq X$, $B_1=\{a\}$, $B_2=\{b\}\subseteq Y$에 대하여 $(A_1\times B_1)\cup(A_2\times B_2)\neq(A_1\cup A_2)\times(B_1\cup B_2)$이다.)

제3장 관계와 함수

- 3.1 관계
- 3.2 분할과 동치관계
- 3.3 함수, 전단사함수
- 3.4 합성함수와 역함수
- 3.5 변환, 제한함수, 확대함수

3.1 관계

수학은 관계와 순서를 다루는 학문이라 할 정도로 관계는 수학 전반에 걸쳐서 적용되는 개념이다.

두 집합 X, Y에 대하여 X의 원소 x와 Y의 원소 y에 대하여 R이라는 관계(relation)가 있음을 ${}_xR_y$(혹은 $(x, y) \in R$)로 표시한다. 여기서 ${}_xR_y$는 x와 y를 사용한 명제이다. 또 ${}_xR_y$의 부정은 ${}_x\overline{R_y}$(혹은 $(x, y) \notin R$)로 표시한다. 여기서 X와 Y는 같아도 상관없다. 관계 R를 데카르트 곱과 연관지어 다음과 같이 정확히 정의한다.

▌정의 1▐

집합 X에서 Y로의 관계 R는 데카르트 곱 $X \times Y$의 부분집합이다. 관례상 $(x, y) \in R$를 ${}_xR_y$로 나타내고 "x는 명제 R에 의하여 y와 관계가 있다"라고 읽는다. X에서 Y로의 관계를 $(X, Y ; R)$로 표현하고, $(X, Y ; R)$를 관계집합이라 한다. 또 관계를 $R = \{(x, y) | {}_xR_y\}$로 표시하기도 한다. 만약 X와 Y가 같으면 X에서 X로의 관계를 $(X ; R)$로 표현하고 $(X ; R)$를 X 위에서 관계집합(relation set)이라 한다.

예제 1

집합 X에서 관계집합 $(X ; R)$을 생각하자. 여기서 "$R = \{(x, x) | x \in X\} \subset X \times X$이다"를 특히 항등관계(identity relation) 또는 대각선(diagonal)이라 하고 $\triangle$ 또는 $\triangle_X$로 표시한다.

예제 2

$X = \{1, 2, 3\}$, $Y = \{1, 3, 4\}$일 때 X와 Y 사이에 다음과 같은 관계(x는 y보다 작다)가 있는 원소들의 집합 $R = \{(x, y) \in X \times Y | x < y\}$를 구하면 $R = \{(1, 3), (1, 4), (2, 3), (2, 4), (3, 4)\}$이다.

┃정의 2┃

집합 X, Y에 대하여 X에서 Y로의 관계 R의 역관계(inverse relation) R^{-1}는 Y에서 X로의 관계로서 ${}_xR_y$이면 또 그때에만 ${}_yR_x^{-1}$로 정의한다. 즉,

$$R^{-1}=\{(y,\ x)|(x,\ y)\in R\}$$

이다.

예제 3

집합 $X=\{x_1,\ x_2,\ x_3\}$, $Y=\{y_1,\ y_2\}$에 대하여 $R=\{(x_1,\ y_1),\ (x_2,\ y_2)\}$라고 놓으면 $R^{-1}=\{(y_1,\ x_1),\ (y_2,\ x_2)\}$이다.

집합 X에서 집합 Y로의 관계 R에서 $\mathrm{Dom}(R)=\{x\in X|{}_xR_y,\ y\in Y\}$를 관계 R의 정의역(domain)이라 한다. 한편 $\mathrm{Im}(R)=\{y\in Y|x\in X,\ {}_xR_y\}$를 관계 R의 상(image)이라고 한다. 여기서 주의해야 할 점은 $\mathrm{Dom}(R)$이 집합 X일 필요는 없다는 것이다(연습문제 3.1의 4 참조).

예제 4

예제 2에서 $\mathrm{Dom}(R)=\{1,\ 2,\ 3\}$이고 $\mathrm{Im}(R)=\{3,\ 4\}$이다.

두 관계집합 $(X\,;R)$, $(Y\,;R')$에 대하여 사상 $f:\ X\to Y$가

$$\text{“}\exists\ \forall\ {}_xR_{x'}\Rightarrow {}_{f(x)}R'_{f(x')}\text{”}$$

를 만족하면 f를 관계를 유지하는 사상(relation preserving map)이라고 한다.

연습문제 3.1

1. $X=\{a,\ b,\ c,\ d\}$이고 $R=\{(a,\ c),\ (b,\ d),\ (c,\ b),\ (d,\ a)\}$라 할 때 X에서의 관계

R의 정의역과 그 상을 구하여라.

2. X에서 Y로의 관계 $(X,\ Y\,;R)$와 역관계 $(Y,\ X\,;R^{-1})$는 $(R^{-1})^{-1}=R$임을 증명하여라.

3. X에서 Y로의 관계 $(X,\ Y\,;R)$에서 다음을 증명하여라.
   (1) $\mathrm{Dom}(R^{-1})=\mathrm{Im}(R)$
   (2) $\mathrm{Im}(R^{-1})=\mathrm{Dom}(R)$

4. 다음 관계 $(\mathbb{N}\,;R)$에서 (1) $\mathrm{Dom}(R)$, (2) $\mathrm{Im}(R)$과 R^{-1}을 구하여라.
   관계 $R=\{(x,\ y)\mid x\in\mathbb{N},\ y\in\mathbb{N},\ 2x+y=10\}$이다.

5. 다음 관계집합 $(\mathbb{N}\,;R)$(여기서 ${}_xR_y$는 x는 y를 나눈다)을 생각하자. 이때 $\mathrm{Dom}(R)=\mathbb{N}=\mathrm{Im}(R)$임을 보여라.

3.2 분할과 동치관계

여기서 소개하는 분할 개념은 수학, 공학뿐만 아니라 인문, 사회과학에서도 매우 유용하게 사용되는 개념이다.

| 정의 3 |

집합 $X(\neq\phi)$에 대하여 공집합이 아닌 X의 부분집합족

$$\{X_\alpha\mid X_\alpha\subset X,\ X_\alpha\neq\varnothing,\ \alpha\in M\}$$

을 X의 분할(partition)이라 함은

(a) $\bigcup_{\alpha\in M}X_\alpha=X$

(b) $X_\alpha \neq X_\beta$이면 $X_\alpha \cap X_\beta = \phi$

이 성립함을 뜻한다.

예제 5

집합 $X = \{1, 2, 3, \cdots, 10\}$이고 그 부분집합이 $X_1 = \{1, 3\}$, $X_2 = \{7, 8, 10\}$, $X_3 = \{2, 5, 6\}$, $X_4 = \{4, 9\}$일 때 $\{X_1, X_2, X_3, X_4\}$는 X의 한 분할이다.

예제 6

m이 임의의 고정된 자연수일 때 각 정수 j, $0 \leq j < m$에 대하여

$$\mathbb{Z}_j = \{x \in \mathbb{Z} \mid \exists k \in \mathbb{Z} \text{ s.t. } x - j = km\}$$

이라 놓으면 집합족 $\{\mathbb{Z}_0, \mathbb{Z}_1, \mathbb{Z}_2, \cdots, \mathbb{Z}_{m-1}\}$은 집합 $\mathbb{Z}$의 하나의 분할이다.

특히 $m = 2$인 경우, 두 집합

$$\mathbb{Z}_0 = \{x \in \mathbb{Z} \mid x\text{는 짝수이다}\},\ \mathbb{Z}_1 = \{x \in \mathbb{Z} \mid x\text{는 홀수이다}\}$$

을 활용하여 집합 $\mathbb{Z}$의 한 분할 $\{\mathbb{Z}_0, \mathbb{Z}_1\}$을 얻는다.

❙ 정의 4 ❙

집합 X에서 관계집합$(X ; R)$에 관하여

(1) 임의의 $x \in X$, ${}_xR_x$(반사율; reflexive law)

(2) ${}_xR_y \Rightarrow {}_yR_x$(대칭률; symmetric law)

(3) ${}_xR_y$, ${}_yR_z \Rightarrow {}_xR_z$(추이율; transitive law)

이 만족되면 X 위의 관계 R를 X 위에서 동치관계(equivalence relation)라 하고 $(X ; R)$를 동치관계집합이라 한다. 더 나아가 $x(\in X)$에 대하여 $R_x = \{y \in X \mid {}_xR_y\}$를 $(X ; R)$에서 x의 동치류(equivalence class)라고 한다. 여기서 R_x에서 x를 R_x의 대표원(representative element)이라고 한다.

예제 7

예제 6에서 언급했듯이 임의의 고정된 자연수 m에 대하여 정수의 집합 $\mathbb{Z}$ 위의 합동관계(congruence relation) "$\equiv$ 법(modulo) m"을 적당한 $k \in \mathbb{Z}$가 존재하여 $x-y=km$이면 "$x \equiv y(\mathrm{mod}\, m)$"으로 다시 정의해보면 그 합동관계집합 $(\mathbb{Z},\ \equiv(\mathrm{mod}\, m))$는 집합 $\mathbb{Z}$ 위에서 동치관계집합이다.

풀이 (1) ㅋ $\forall x \in \mathbb{Z},\ x-x=0 \cdot m$이므로 $x \equiv x(\mathrm{mod}\, m)$ ($\therefore$ 반사율 성립).

(2) $x \equiv y(\mathrm{mod}\, m)$이면 $\exists k \in \mathbb{Z},\ x-y=km \Rightarrow y-x=-km$인데 $-k$도 정수이므로 $y \equiv x(\mathrm{mod}\, m)$이다. ($\therefore$ 대칭률 성립)

(3)
$$x \equiv y(\mathrm{mod}\, m),$$
$$y \equiv z(\mathrm{mod}\, m) \Rightarrow \exists k_1 \in \mathbb{Z} \text{ s.t. } x-y=k_1 m \qquad \cdots \text{(a)}$$

이고 또,

$$\exists k_2 \in \mathbb{Z} \text{ s.t. } y-z=k_2 m \qquad \cdots \text{(b)}$$

이므로 위 식 (a)와 (b)를 더하면 $x-z=(k_1+k_2)m$이고 $k_1+k_2 \in \mathbb{Z}$이므로 $x \equiv z(\mathrm{mod}\, m)$이다.($\therefore$ 추이율 성립) ■

정리 1

$(X\,;R)$를 동치관계집합이라 할 때 다음이 성립한다.

(1) $\bigcup\{R_x \mid x \in X\} = \bigcup_{x \in X} R_x = X$

(2) $R_x = R_y \Leftrightarrow {}_xR_y$

(3) ${}_x\overline{R_y} \Leftrightarrow R_x \cap R_y = \phi$

증명 (1) ㅋ $\forall x \in X,\ {}_xR_x$이므로 $x \in R_x$이다. 그러므로 $X = \bigcup\{R_x \mid x \in X\}$이다.

(2) ($\Rightarrow$) ${}_xR_x,\ {}_yR_y$이고 $R_x = R_y$이므로 $x,\ y \in R_x,\ R_y$이다. 그러므로 ${}_xR_y$이다.

($\Leftarrow$) 자명함.

(3) ($\Rightarrow$) 귀류법을 생각하여, $R_x \cap R_y \neq \phi$이라고 가정하자. 즉

ㅋ $t \in R_x \cap R_y$이다. 그러므로 ${}_xR_t,\ {}_tR_y \Rightarrow {}_xR_y$(가정에 모순됨).

(⇐) 귀류법을 생각하여, ${}_x\overline{R}_y$라고 가정하자. $(X\,;R)$는 동치관계집합이므로 ${}_y\overline{R}_x$이다. 그러므로 $x, y \in R_x, R_y$이고 $R_x \cap R_y \neq \phi$이다(가정에 모순됨). ■

▌정리 2

$(X\,;R)$가 동치관계집합일 때 $\{R_x \mid x \in X\}$는 X의 분할이다.

증명 첫째, 임의의 $x \in X$에 대하여 $x \in R_x$이므로 $\bigcup_{x \in X} R_x = X$이다.

둘째, 정리 1의 (3)에 의하여 ${}_x\overline{R}_y \Rightarrow R_x \cap R_y = \phi$이므로 $\{R_x \mid x \in X\}$는 서로소인 X의 부분집합이다. ■

동치관계집합 $(X\,;R)$에서 동치류들의 집합족은 X의 한 분할이 되고 집합 X의 분할이 주어지면 X 위에서 동치관계를 주어서 아래와 같은 동치관계집합을 만들 수 있다.

▌정리 3

집합 X 위에서 분할 $\{X_\alpha \mid \alpha \in M\}$가 주어질 때 두 원소 $x, y \in X$가 같은 류(X_α)에 속하면 ${}_xR_y$인 관계를 갖는다고 X에 관계 R를 정의하면 $(X\,;R)$는 동치관계집합이다.

증명 (1) 임의의 $x \in X$에 대하여 ${}_xR_x$이다(반사관계).

(2) ${}_xR_y$이면 x와 y는 같은 류에 속하여 y도 x와 자연스럽게 같은 류에 속하므로 ${}_yR_x$이다(대칭관계).

(3) ${}_xR_y$이고 ${}_yR_z$이면 x와 y는 같은 류에 속하고 y와 z도 같은 류에 속하므로 x와 z도 같은 류에 속한다. 즉, ${}_xR_z$이다(추이관계). ■

그러므로 정리 2와 정리 3에 의하여 X 위에서 동치관계와 X의 분할과는 매우 밀접한 관계가 있다.

$(X;R)$가 동치관계집합일 때 동치류 전체의 집합 $\{R_x | x \in X\}$를 관계 R에 의한 X의 **상집합**(quotient set)이라 하고 X/R로 표시한다. 이때

$$X/R = \{R_x | x \in X\}$$

에 대하여 함수(사상)

$$\begin{array}{rccc} P: & X & \longrightarrow & X/R \\ & \Cup & & \Cup \\ & x & \rightsquigarrow & R_x \end{array}$$

를 X의 X/R로의 사영(projection)함수라고 한다.

연습문제 3.2

1. 예제 6에서 $m=5$라 할 때 $\mathbb{Z}$의 분할 $\{\mathbb{Z}_i | 0 \le i \le 4\}$를 만들어 보아라.

2. 집합 $X=\{a, b, c, d\}$상에서 관계 $\mathbb{R}=\{(a, a), (b, b), (a, b), (b, a), (c, c), (d, d)\}$라 할 때 동치류집합 X/R를 구하시오.

3. $X=\{a, b, c, d\}$일 때 X 위에서 분할을 만들어라.

4. X를 어떤 대학교 수학과 학생들의 집합이라 할 때 "${}_xR_y \Rightarrow x$와 y는 초등학교 동창이다"라고 관계를 정의하면 $(X;R)$는 동치관계집합임을 증명하고, R_x를 "x와 초등학교 동창인 학생의 집합"으로 정의할 때 $\{R_x | x \in X\}$는 X의 한 분할임을 증명하여라.

5. 다음과 같이 정의된 실수 집합 $\mathbb{R}$상의 동치관계에 대한 $x(\in \mathbb{R})$의 동치류와 $\mathbb{R}/\sim$를 구하여라.

$$x \sim y \Leftrightarrow x - y \in \mathbb{Z}$$

6. 다음과 같이 정의된 $\mathbb{R}^2$상의 동치관계에 대한 $(x, y)(\in\mathbb{R}^2)$의 동치류와 $\mathbb{R}^2/\sim$을 구하여라.

(1) $(x, y) \sim (x', y') \Leftrightarrow x+3y = x'+3y'$

(2) $(x, y) \sim (x', y') \Leftrightarrow x^2+y^2 = (x')^2+(y')^2$

(3) $(x, y) \sim (x', y') \Leftrightarrow y-x^2 = y'-(x')^2$

3.3 함수, 전단사함수

함수의 개념은 수학의 각 분야에서 유용하게 사용된다. 여기서 함수의 정의를 다시 회상한다. 즉,

"두 집합 X, Y에 대하여 X의 임의의 원소에 대하여 Y의 오직 한 원소만 대응되는 규칙"

으로 X에서 Y로의 함수라고 정의한다. 그 함수의 정의를 관계집합으로 확대하여 표현해보자.

| 정의 5 |

집합 X와 Y에 대하여 X에서 Y로의 함수(function)란 다음을 만족하는 X에서 Y로의 관계$(X, Y; f)$로써 정의한다.

(1) $\mathrm{Dom}(f) = X$

(2) $(x, y)\in f,\ (x, z)\in f \Rightarrow y = z$

여기서 $(X, Y: f)$를 $f: X \to Y$로 나타내기도 한다.

함수 $f: X\to Y$가 주어졌을 때 집합 X를 함수 f의 정의역(domain)이라 하고 Y를 함수 f의 공변역(codomain)이라 한다.

함수 $f: X\to Y$에 대하여 $x(\in X)$에 대응하는 Y의 원소 $f(x)$를 x의 f에 의한 상(image)이라 하며 Y의 원소 y에 대하여 $f(x)=y$를 만족하는 X의 원소 x를 f에

의한 y의 원상(preimage)이라고 한다. 또

$$f(X)=\{f(x) \mid {}^{\forall} x \in X\}$$

를 함수 f의 치역(image)이라고 한다.

예제 8

집합 X를 어떤 대학교 수학과 학생들의 집합이라 하고, 집합 Y를 그 학생들의 학번들의 집합이라 할 때

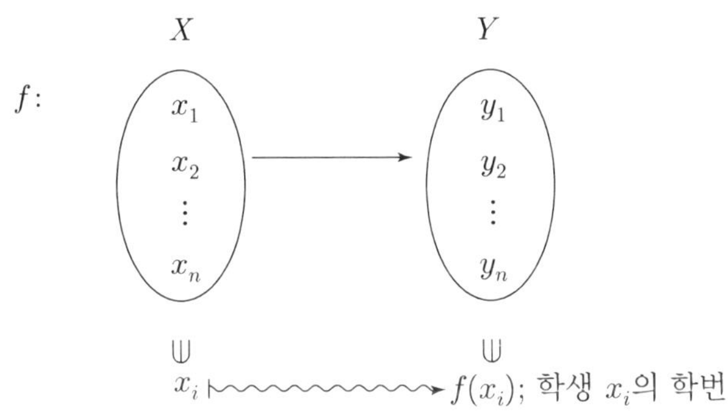

으로 정의하면 $f: X \to Y$는 함수이다.

예제 9

두 집합 X와 Y에 대하여 첫 번째 좌표로서의 사영(projection onto the first coordinate)은

$$\begin{array}{rcl} P_1: X\times Y & \longrightarrow & X \\ \Cup & & \Cup \\ (x, y) & \longmapsto & P_1(x, y)=x \end{array}$$

이고 두 번째 좌표로의 사영(projection onto the second coordinate)은

$$\begin{array}{rcl} P_2: X\times Y & \longrightarrow & Y \\ \Cup & & \\ (x, y) & \longmapsto & P_2(x, y)=y \end{array}$$

로 정의하면 P_1과 P_2는 함수이다.

다음은 함수의 응용에서 매우 유용한 함수의 합에 관하여 알아보자.

정리 4

함수 $f: A \to C$와 $g: B \to D$가 임의의 $x \in A \cap B$에 대하여 $f(x) = g(x)$라면 f와 g의 함수의 합(union) $f \cup g$는 함수

$$h = f \cup g: A \cup B \to C \cup D$$

에 대하여

$$h(x) = \begin{cases} f(x), & x \in A \\ g(x), & x \in B \end{cases}$$

와 같이 정의하면 h는 함수이다.

증명 임의의 $x \in A \cup B$에 대하여 $x \in A$ 혹은 $x \in B$이므로, $x \in A$이면 $h(x) = f(x)$이고, $x \in B$이면 $h(x)$는 $g(x)$이므로 어떤 경우라도 h는 $A \cup B$에서 $C \cup D$로 대응이 이루어진다. 다만 $x \in A \cap B$일 때, $f(x) = g(x)$이므로 $h(x)$는 $f(x)$와 $g(x)$의 어느 것에 대응되더라도 $h(x)$는 $C \cup D$에서 유일하게 결정되므로 h는 함수이다. ■

예제 10

$$\begin{array}{cccc} f: & (-\infty,\ 0] & \longrightarrow & \mathbb{R} \\ & \Cup & & \Cup \\ & x & \rightsquigarrow & f(x) = 1 - 2x \end{array}$$

이고

$$\begin{array}{cccc} g: & [0,\ \infty) & \longrightarrow & \mathbb{R} \\ & \Cup & & \Cup \\ & x & \rightsquigarrow & x^2 + 1 \end{array}$$

이라고 할 때 $(-\infty, 0] \cap [0, \infty) = \{0\}$에 대하여 $f(0) = g(0) = 1$이므로 함수 f와 g의 합

$$
\begin{array}{rcl}
h = f \cup g : \mathbb{R} & \longrightarrow & \mathbb{R} \\
\Cup & & \Cup \\
x & \leadsto & h(x) = \begin{cases} f(x) = 1 - 2x, & x \in (-\infty, 0] \\ g(x) = x^2 + 1, & x \in [0, \infty) \end{cases}
\end{array}
$$

을 만들 수 있다.

함수 $f : X \to Y$와 $A \subseteq X$, $B \subseteq Y$에 대하여 A의 f에 의한 상집합을

$$f(A) = \{y \mid f(x) = y, \ \exists\ ^\forall x \in A\}$$

로 표시하고 f에 의한 B의 원상 또는 역상(inverse image)은

$$f^{-1}(B) = \{x \in X \mid f(x) \in B\}$$

로 표시한다.

또 함수 $f : X \to Y$가 주어졌을 때(함수 f가 전단사함수일 필요는 없다), 임의의 $A \subset X$에 대하여 대응 $A \to f(A)$에 의하여 f는 새로운 함수

$$
\begin{array}{rcl}
f : P(X) & \longrightarrow & P(Y) \\
\Cup & & \Cup \\
A & \leadsto & f(A)
\end{array}
$$

를 유도한다. 더 나아가 대응 $B \leadsto f^{-1}(B)$에 의하여 f는 함수 f^{-1}를 유도한다. 즉, 역상 함수

$$
\begin{array}{rcl}
f^{-1} : P(Y) & \longrightarrow & P(X) \\
\Cup & & \Cup \\
B & \leadsto & f^{-1}(B)
\end{array}
$$

이다. 여기서 f^{-1}는 f의 역함수를 의미하는 것이 아니고 f의 역상에 의하여 유도된 함수임을 의미한다. 예를 들어서 위에서 언급한 내용을 알아보자. 집합 $X = \{x, y, z\}$이고 $Y = \{a, b, c\}$라 하고 함수 f를

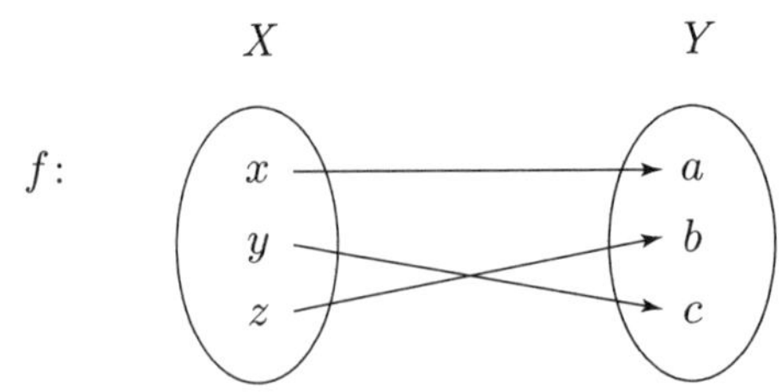

라 하자.

$$P(X)=\{X,\ \phi,\ \{x\},\ \{y\},\ \{z\},\ \{x,\ y\},\ \{y,\ z\},\ \{x,\ z\}\}$$

이고

$$P(Y)=\{Y,\ \phi,\ \{a\},\ \{b\},\ \{c\},\ \{a,\ b\},\ \{b,\ c\},\ \{a,\ c\}\}$$

이다. 여기서 $P(X)$에서 $P(Y)$로의 새롭게 유도된 함수 f와 f^{-1}를 다음과 같이 구한다. 즉,

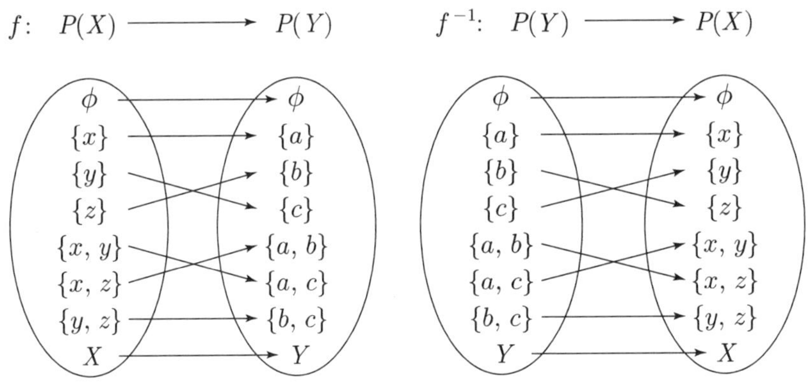

한편 $B=\{b,\ c\}$라 할 때 $f^{-1}(B)=\{y,\ z\}$이며 $A=\{x,\ y\}(\subseteq X)$라 하면 $f(A)=\{a,\ c\}$임을 의미한다.

▌정리 5

함수 $f: X \rightarrow Y$에 대하여 다음이 성립한다.

(1) $f(\phi)=\phi$

(2) $A \subseteq B \Rightarrow f(A) \subseteq f(B)$

(3) $C \subseteq D \Rightarrow f^{-1}(C) \subseteq f^{-1}(D)$

증명 (1), (2)의 증명은 독자의 연습문제로 남긴다.

(3) ㅋ $^\forall x \in f^{-1}(C) \Rightarrow f(x) \in C \subseteq D$

$\therefore$ $x \in f^{-1}(D)$이므로 $f^{-1}(C) \subseteq f^{-1}(D)$이다. ■

다음 정리들은 독자들이 현대고급수학(특히 해석학, 위상수학 등)에서 자주 이용되는 것으로서 주의 깊게 이해하기 바란다.

▌정리 6

함수 $f: X \to Y$에서 X의 부분집합족 $\{X_\alpha | \alpha \in M\}$에 대하여 다음이 성립한다.

(1) $f(\bigcup_{\alpha \in M} X_\alpha) = \bigcup_{\alpha \in M} f(X_\alpha)$

(2) $f(\bigcap_{\alpha \in M} X_\alpha) \subseteq \bigcap_{\alpha \in M} f(X_\alpha)$

증명 (1) $^\forall y \in f(\bigcup_{\alpha \in M} X_\alpha) \Leftrightarrow \exists x \in \bigcup_{\alpha \in M} X_\alpha$ s.t. $f(x) = y$

$$\Leftrightarrow \exists \alpha \in M,\ x \in X_\alpha \text{ s.t. } f(x) = y$$

$$\Leftrightarrow \exists \alpha \in M \text{ s.t. } y \in f(X_\alpha)$$

$$\Leftrightarrow y \in \bigcup_{\alpha \in M} f(X_\alpha).$$

(2) 임의의 $\alpha (\in M)$에 대하여 $\bigcap_{\alpha \in M} X_\alpha \subseteq X_\alpha$이고 정리 5에 의하여 ㅋ $^\forall \alpha \in M$, $f(\bigcap_{\alpha \in M} X_\alpha) \subseteq f(X_\alpha)$이므로 $f(\bigcap_{\alpha \in M} X_\alpha) \subseteq \bigcap_{\alpha \in M} f(X_\alpha)$이다. ■

그러나 일반적으로 $\bigcap_{\alpha \in M} f(X_\alpha) \subseteq f(\bigcap_{\alpha \in M} X_\alpha)$일 수는 없다.(예제 11 참조)

예제 11

함수

$$\begin{array}{rcl} f: \mathbb{R} & \longrightarrow & \mathbb{R} \\ \Cup & & \Cup \\ x & \leadsto & f(x) = x^2 \end{array}$$

일 때 $X_1 = [-1, 0]$, $X_2 = [0, 1]$일 때, $X_1 \cap X_2 = \{0\}$이고 $f(X_1) = [0, 1] = f(X_2)$이다. 그러므로 $f(X_1 \cap X_2) = \{0\}$인데 $f(X_1) \cap f(X_2) = [0, 1]$이므로 $f(X_1) \cap f(X_2) \not\subseteq f(X_1 \cap X_2)$이다.

❙ 정리 7

함수 $f: X \rightarrow Y$가 단사함수이고, $\{X_\alpha | \alpha \in M\}$를 X의 부분집합족이라 하자. 그러면 $f(\bigcap_{\alpha \in M} X_\alpha) = \bigcap_{\alpha \in M} f(X_\alpha)$이다.

증명

$$\begin{aligned} \ulcorner\, \forall y \in \bigcap_{\alpha \in M} f(X_\alpha) &\Leftrightarrow \ulcorner\, \forall \alpha \in M,\ y \in f(X_\alpha) \\ &\Leftrightarrow \ulcorner\, \forall \alpha \in M,\ \exists x_\alpha \in X_\alpha \text{ s.t. } f(x_\alpha) = y. \cdots ① \end{aligned}$$

여기서 함수 f는 단사함수이기 때문에 성질 ①의 $f(x_\alpha) = y$를 만족하는 x_α들은 모두 같다. 그것을 x_0라고 놓자.

$$\begin{aligned} \ulcorner\, \forall y \in \bigcap_{\alpha \in M} f(X_\alpha) &\Leftrightarrow \ulcorner\, \forall \alpha \in M,\ \exists x_0 \in X_\alpha,\ y = f(x_0) \\ &\Leftrightarrow \exists x_0 \in \bigcap_{\alpha \in M} X_\alpha \text{ s.t. } y = f(x_0) \\ &\Leftrightarrow y \in f(\bigcap_{\alpha \in M} X_\alpha). \end{aligned}$$

그러므로 $y \in \bigcap_{\alpha \in M} f(X_\alpha) \Leftrightarrow y \in f(\bigcap_{\alpha \in M} X_\alpha)$이고, $\bigcap_{\alpha \in M} f(X_\alpha) = f(\bigcap_{\alpha \in M} X_\alpha)$이다.

■

❙ 정리 8

함수 $f: X \to Y$와 Y의 부분집합족 $\{Y_\alpha | \alpha \in M\}$에 대하여 다음이 성립한다.

(1) $f^{-1}(\bigcup_{\alpha \in M} Y_\alpha) = \bigcup_{\alpha \in M} f^{-1}(Y_\alpha)$

(2) $f^{-1}(\bigcap_{\alpha \in M} Y_\alpha) = \bigcap_{\alpha \in M} f^{-1}(Y_\alpha)$

증명 (1) ㅋ $^\forall x \in f^{-1}(\bigcup_{\alpha \in M} Y_\alpha) \Leftrightarrow f(x) \in \bigcup_{\alpha \in M} Y_\alpha \Leftrightarrow \exists \alpha \in M$ s.t. $f(x) \in Y_\alpha$

$\Leftrightarrow \exists \alpha \in M$ s.t. $x \in f^{-1}(Y_\alpha)$

$\Leftrightarrow x \in \bigcup_{\alpha \in M} f^{-1}(Y_\alpha)$.

(2) ㅋ $^\forall x \in f^{-1}(\bigcap_{\alpha \in M} Y_\alpha) \Leftrightarrow$ ㅋ $^\forall f(x) \in \bigcap_{\alpha \in M} Y_\alpha$

$\Leftrightarrow$ ㅋ $^\forall \alpha \in M,\ f(x) \in Y_\alpha$

$\Leftrightarrow$ ㅋ $^\forall \alpha \in M,\ x \in f^{-1}(Y_\alpha)$

$\Leftrightarrow x \in \bigcap_{\alpha \in M} f^{-1}(Y_\alpha)$. ■

❙ 정리 9

함수 $f: X \to Y$에 대하여 Y의 부분집합족 B, C에 대하여 $f^{-1}(B-C) = f^{-1}(B) - f^{-1}(C)$이다.

증명 ㅋ $^\forall x \in f^{-1}(B-C) \Leftrightarrow f(x) \in (B-C)$

$\Leftrightarrow f(x) \in B,\ f(x) \notin C$

$\Leftrightarrow x \in f^{-1}(B),\ x \notin f^{-1}(C)$

$\Leftrightarrow x \in f^{-1}(B) - f^{-1}(C)$.

따라서 $f^{-1}(B-C) = f^{-1}(B) - f^{-1}(C)$이다. ■

정리 9에 의하여 $f^{-1}(B^C) = f^{-1}(B)^C$임을 알 수 있다.

| 정리 10

함수 $f: X \to Y$에 대하여 다음이 성립한다.

(1) 임의의 $A \subseteq X$에 대하여 $f^{-1}(f(A)) \supseteq A$이다.

(2) 임의의 $B \subseteq Y$에 대하여 $f(f^{-1}(B)) \subseteq B$이다.

증명 (1) ㅋ $\forall x \in A$, $x \in f^{-1}(f(\{x\})) \subseteq f^{-1}(f(A))$이므로 $x \in f^{-1}(f(A))$이기에 $A \subseteq f^{-1}(f(A))$이다.

여기서 일반적으로 $f^{-1}(f(A)) \subseteq A$이 성립하지 않음을 예를 통해서 알아본다. 다음 함수 f를 생각하자.

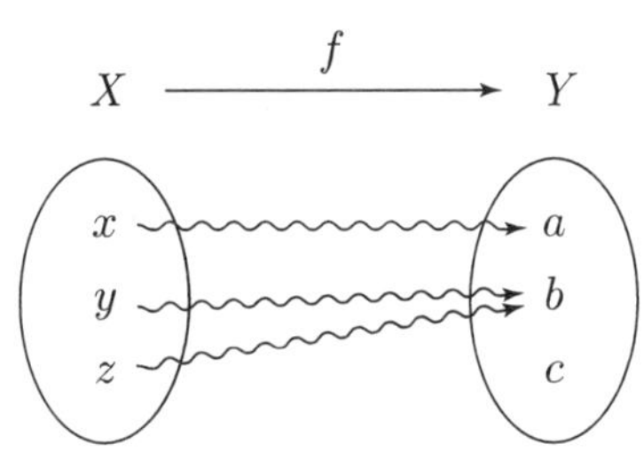

여기서 $A = \{x, y\}$라 놓자. 그때 $f(A) = \{a, b\}$이고 $f^{-1}(f(A)) = X$이므로 $f^{-1}(f(A)) \not\subseteq A$이다.

(2) 만약 $y \in f(f^{-1}(B))$이면 $f(x) = y$를 만족하는 $x \in f^{-1}(B)$가 존재한다. 한편 $x \in f^{-1}(B)$이므로 $f(x) = y \in B$이다. 따라서 $f(f^{-1}(B)) \subseteq B$이다.

여기서 일반적으로 $B \not\subseteq f(f^{-1}(B))$이 성립하지 않음을 예를 들어 알아본다.

위 함수 $f: X \to Y$에서 $B = \{b, c\}$라 놓자. 그러면 $f^{-1}(B) = \{y, z\}$이고 $f(f^{-1}(B)) = \{b\}$가 되어서 $B \not\subseteq f(f^{-1}(B))$이 된다. ■

여기서 (2)를 더 정확히 표현하면 $f(f^{-1}(B)) = B \cap f(X)$가 되므로 f가 전사이면 $f(f^{-1}(B)) = B$가 된다.

함수 $f: X \to Y$에서 Y의 한 원소 y_0에 대하여 $f(x) = \{y_0\}$이면 그 함수 f를 상수함수(constant function)라고 부른다.

여기서 함수의 상등(相等)을 언급하면 함수 $f, g: X \to Y$에 대하여 임의의 $x(\in X)$에 대하여 $f(x) = g(x)$이면 그 함수 f와 g는 상등이라고 하고 $f = g$로 표시한다.

한편 $Y^X = \{f \mid f: X \to Y \text{ 함수}\}$라고 표현한다.

여기서 여러 가지 형태의 함수에 관하여 알아본다.

❙ 정의 6 ❙

함수 $f: X \to Y$에 대하여

(1) 임의의 $y(\in Y)$에 대하여 $x(\in X)$가 존재하여 $f(x) = y$를 만족하면, 즉 $f(X) = Y$이면 그 함수 f를 **전사함수(surjective function)** 또는 X에서 Y **위로(onto)**의 함수라 한다.

(2) 임의의 $x_1 \neq x_2$에 대하여 $f(x_1) \neq f(x_2)$, 즉 $f(x_1) = f(x_2)$이면 $x_1 = x_2$이면 그 함수 f를 **단사함수(injective function)** 또는 X에서 Y **안으로(into)**의 함수라고 한다.

(3) 함수 $f: X \to Y$가 단사임과 동시에 전사이면 그 함수 f를 **전단사함수(bijective function)** 또는 **일대일대응(one to one correspondence)함수**라 한다.

예제 12

함수 $f: \mathbb{R} \to \mathbb{R}$에 대하여 $f(x) = x^2$은 단사함수도 전사함수도 아니다. 그러나 $f(x) = x^3$은 전단사함수이다.

집합 X와 $A \subseteq X$에 대하여 함수 $i: A \to X$가 $i(a) = a(a \in A)$이면 그 함수 i를 **포함함수(inclusion function)**라 한다.

집합 X의 각 원에 자기 자신을 대응시키는 규칙, 즉

$$\begin{array}{cccc} 1_X: & X & \longrightarrow & X \\ & \Cup & & \\ & \ni {}^\forall x & \rightsquigarrow & 1_X(x) = x \end{array}$$

이면 1_X를 X 위에서 **항등함수(identity function)**라 한다.

주어진 함수 $f: X \to Y$가 단사함수가 아닐 때 정의역 X를 적당히 축소하여(예를 들면 $X_1 \subseteq X$) 새로운 단사함수 $f: X_1 \to Y$를 만들 수 있다. 또 함수 $g: X \to Y$가 전사함수가 아닐 때 공변역 Y를 적당히 축소하여(예를 들면 $Y_1 \subseteq Y$) 새로운 함수 $g_1: X \to Y_1$이 전사함수가 되도록 만들 수 있다.

함수에서 전단사함수가 매우 중요한데 그 이유는 전단사함수 $f: X \to Y$는 역함수 $f^{-1}: Y \to X$를 만들 수 있기 때문이다(3.4절 참조).

| 정의 7 |

$A(\neq \phi)$가 X의 부분집합일 때 함수

$$\chi_A : X \to \{0, 1\} \quad \text{s.t.}$$

$$\chi_A(x) = \begin{cases} 0, & x \notin A \\ 1, & x \in A \end{cases}$$

를 집합 X에서 A의 특성함수(characteristic function)라 한다. 여기서 문자 χ는 그리스 문자 카이(chi)이다. 위에서 언급한 특성함수는 컴퓨터 공학에서 매우 유용하게 사용된다.

| 정의 8 |

집합 X와 Y에 대하여 전단사함수 $f: X \to Y$가 존재하면 집합 X와 Y는 대등(equipotent)이라 하고 $X \sim Y$로 표시한다.

| 정리 11

주어진 집합족 $X = \{X_\alpha | \alpha \in M\}$에서 $(X; R)$를 대등관계집합이라 할 때$(X; R)$는 동치관계집합이다.

증명 첫째, 임의의 $X_\alpha \in X$에 대하여 항등함수 $1_{X_\alpha}: X_\alpha \longrightarrow X_\alpha$는 전단사함수이다.

($\therefore$ $F^{\forall} X_\alpha \sim X_\alpha$; 반사관계 성립).

둘째, $X_\alpha \sim X_\beta$이면 전단사함수 $f: X_\alpha \longrightarrow X_\beta$가 존재하므로 그 역함수 $f^{-1}: X_\beta \longrightarrow X_\alpha$도 전단사함수이므로 $X_\beta \sim X_\alpha$이다(대칭관계 성립).

셋째, $X_\alpha \sim X_\beta$이고 $X_\beta \sim X_\gamma$이면, 즉 전단사함수 $f: X_\alpha \to X_\beta$와 전단사함수 $g: X_\beta \to X_\gamma$가 존재하면 $g \circ f: X_\alpha \longrightarrow X_\gamma$도 전단사함수가 되므로 $X_\alpha \sim X_\gamma$이다(추이관계 성립). ■

연습문제 3.3

1. 함수 $\begin{array}{ccc} f: X & \longrightarrow & X \times \{b\} \\ \Downarrow & & \Downarrow \\ x & \leadsto & f(x) = (x, b) \end{array}$는 전단사함수임을 증명하여라.

2. 다음 함수 $\begin{array}{ccc} f: (-1, 1) & \longrightarrow & \mathbb{R} \\ \Downarrow & & \Downarrow \\ x & \leadsto & f(x) = \tan\frac{\pi}{2}x \end{array}$가 전단사함수임을 증명하여라.

3. 함수 $f: X \to Y$, $g: Y \to Z$가 전단사함수이면 합성함수 $g \circ f: X \to Z$도 전단사함수임을 증명하여라.

4. 함수 $f: X \to Y$에 대하여 $f(X) \subseteq W$이면 함수 $f: X \to W$가 존재함을 보여라.

5. 함수 $f: \mathbb{R} \longrightarrow \mathbb{R}$가

$$\begin{array}{l} \Downarrow \\ x \leadsto f(x) = \begin{cases} 4x+3, & x > 5\text{일 때} \\ x^2 - 2, & -6 \le x \le 5\text{일 때} \\ 4 - 5x, & x < -6\text{일 때} \end{cases} \end{array}$$

로 정의되었을 때 다음을 구하여라.

(1) $f(\{-7, 3, 6\})$, $f(\{-9, 1, 8\})$

(2) $f^{-1}(\{-1, 1\})$, $f^{-1}(\{-7, 2, 8\})$

6. 정리 6과 연관하여, X_1, $X_2(\subseteq X)$과 함수 $f: X \to Y$에 대하여

(1) $f(X_1 - X_2) \supseteq f(X_1) - f(X_2)$임을 증명하여라.

(2) $f(X_1 - X_2) \subseteq f(X_1) - f(X_2)$이 성립하지 않는 예를 들어라.

7. 함수 $f: X \to Y$에 대하여 $X_1 \subseteq X$, $Y_1 \subseteq Y$에 대하여 다음을 증명하여라.

(1) $f(X_1 \cap f^{-1}(Y_1)) = f(X_1) \cap Y_1$

(2) $f(f^{-1}(Y_1)) = f(X) \cap Y_1$

8. 정리 10과 연관하여, 함수 $f: X \to Y$에 대하여 $A \subseteq X$, $B \subseteq Y$라 할 때 다음을 증명하여라

(1) f가 단사함수이면 $f^{-1}(f(A)) = A$이다.

(2) f가 전사함수이면 $f(f^{-1}(B)) = B$이다.

9. χ_A를 X에서 $A(\subseteq X)$의 특성함수라 할 때 다음을 증명하여라.

(1) $\chi_{A \cap B} = \chi_A \cdot \chi_B$

(2) $\chi_{A \cup B} = \chi_A + \chi_B - \chi_{A \cap B}$

(3) $\chi_{X-A} = 1 - \chi_A$

10. 집합 $X = \{a, b, c, d\}$, $Y = \{1, 2, 3\}$에 대하여 함수

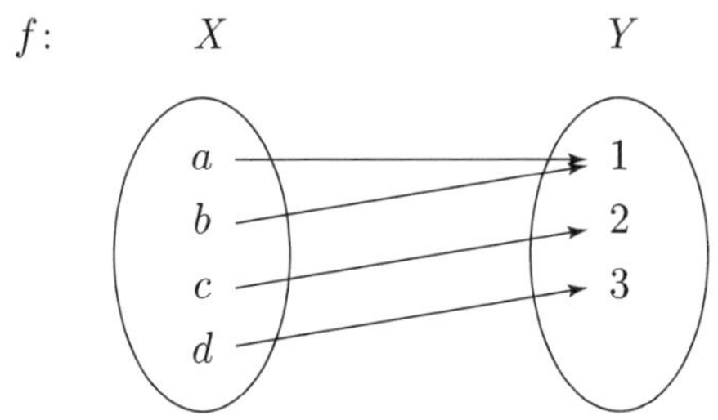

이 성립할 때 다음을 구하여라.

(1) $A = \{a, b\}$일 때 $f(A)$를 구하여라.

(2) $B = \{2, 3\}$일 때 $f^{-1}(B)$를 구하여라.

(3) 주어진 함수 f에 의하여 유도된 함수 $f: P(X) \to P(Y)$를 구하여라.

(4) 주어진 함수 f에 의하여 유도된 함수 $f^{-1}: P(Y) \to P(X)$를 만들어라.

3.4 합성함수와 역함수

주어진 두 함수 $f: X \to Y$, $g: Y \to Z$에 대하여 함수 g의 정의역은 함수 f의 공변역과 같다. 이때 두 함수 f와 g의 합성함수를 만들자.

정의 9

두 함수 $f: X \to Y$, $g: Y \to Z$에 대하여 모든 $x(\in X)$에 대하여 $g \circ f: X \to Z$를 $(g \circ f)(x) = g(f(x))$로 정의하고 함수 $g \circ f$를 함수 f와 g의 **합성함수**(composition function)라 한다.

정의 9에서는 $\mathrm{Im}\, f = \mathrm{Dom}\, g$로 주어져 있지만 일반적으로 $\mathrm{Im}\, f \subseteq \mathrm{Dom}\, g$이면 합성함수 $g \circ f$를 만들 수 있다.

정리 12

합성함수에 대하여 결합법칙이 성립한다. 즉,

$$f: X \to Y,\ g: Y \to Z,\quad h: Z \to W$$

이면 $(h \circ g) \circ f = h \circ (g \circ f)$이다.

증명 임의의 $x(\in X)$에 대하여 $((h \circ g) \circ f)(x) = (h \circ g)(f(x)) = h \circ ((g \circ f)(x)) = h \circ (g \circ f)(x)$이다. 그러므로 $(h \circ g) \circ f = h \circ (g \circ f)$이다. ■

정의 10

함수 $f: X \to Y$가 전단사함수일 때 함수 $g: Y \to X$가 존재하여 $g \circ f = 1_X$, $f \circ g = 1_Y$이면 그 함수 $g: Y \to X$를 함수 f의 **역함수**(inverse function)라 한다. 이때 $g = f^{-1}$라고 표시한다.

정리 13

함수 f, g가 전단사함수이고 합성가능하면 다음이 성립한다.

(1) $g \circ f$는 전단사함수이다.

(2) $(g \circ f)^{-1} = f^{-1} \circ g^{-1}$

증명 (1) $f: X \to Y$, $g: Y \to Z$라 가정하면 g와 f가 전사함수이므로 $g \circ f: X \to Z$도 전사함수이다.($\because$ $(g \circ f)(X) = g(f(X)) = g(Y) = Z$)

한편 $g \circ f(x) = g \circ f(x') \Rightarrow g(f(x)) = g(f(x')) \Rightarrow f(x) = f(x')$($\because$ g: 단사함수) $\Rightarrow x = x'$($\because$ f: 단사함수)을 얻는다. 그러므로 $g \circ f$는 단사함수이다. 그러므로 $g \circ f$는 전단사함수이다.

(2) $(g \circ f) \circ (f^{-1} \circ g^{-1}) = 1_Z$이고 $(f^{-1} \circ g^{-1}) \circ (g \circ f) = 1_X$임을 보인다.

$g \circ f$는 전단사함수이므로 $g \circ f$는 역함수 $(g \circ f)^{-1}$를 갖고

$$(g \circ f) \circ (g \circ f)^{-1}(z) = z \qquad \cdots \text{(a)}$$

이다. 식 (a)의 양변에 g^{-1}를 적용하면

$$g^{-1} \circ (g \circ f) \circ (g \circ f)^{-1}(z) = g^{-1}(z)$$
$$\Rightarrow (g^{-1} \circ g) \circ f \circ (g \circ f)^{-1}(z) = g^{-1}(z)(\because \text{ 합성함수 연산의 결합성})$$
$$\Rightarrow f \circ (g \circ f)^{-1}(z) = g^{-1}(z) \qquad \cdots \text{(b)}$$

이다. 식 (b)의 양변에 f^{-1}를 적용하면

$$f^{-1} \circ (f \circ (g \circ f)^{-1})(z) = f^{-1} \circ g^{-1}(z)$$
$$\Rightarrow (g \circ f)^{-1}(z) = f^{-1} \circ g^{-1}(z)$$

이므로 $(g \circ f)^{-1} = f^{-1} \circ g^{-1}$이다.

같은 방법으로 $\forall x \in X$, $(f^{-1} \circ g^{-1}) \circ (g \circ f)(x) = x$임을 증명한다. ■

다음 정리는 함수를 공부하는 데 매우 유용한 결과를 제공한다.

❙ 정리 14

함수 $f: X \to Y$에 대하여 $g: Y \to X$가 존재하여 $g \circ f = 1_X$이면 f는 단사함수이고 g는 전사함수이다.

증명 먼저 귀류법을 활용하여 f가 단사함수임을 증명한다. $f(x_1) = f(x_2)$라고 가정하면 $g(f(x_1)) = g(f(x_2))$이고 $(g \circ f)(x_1) = (g \circ f)(x_2) \Rightarrow 1_X(x_1) = 1_X(x_2)$ ($\because$ 가정에 의함) $\Rightarrow x_1 = x_2$. 그러므로 f는 단사함수이다.

g가 전사함수임을 증명하자. 임의의 $x(\in X)$에 대하여 $(g \circ f)(x) = x$이므로 $g(f(x)) = x$이고 $f(x)(\in Y)$가 존재하여 $g(f(x)) = x$이므로 g는 전사함수이다. ■

❙ 정리 15

함수 $f: X \to Y$가 전단사함수이면 역함수 $f^{-1}: Y \to X$도 전단사함수이다.

증명 먼저 집합 Y에서 X로의 역함수 $f^{-1}: Y \to X$는 함수이다. f^{-1}가 단사함수임을 보이자. $f^{-1}(y_1) = f^{-1}(y_2) = x$라고 가정한다. 그때 $f(x) = y_1$, $f(x) = y_2$이므로 $y_1 = y_2$이다. 따라서 f^{-1}는 단사함수이다. 마지막으로 f^{-1}가 전사함수임을 보이자. $\mathrm{Im}\, f^{-1} = \mathrm{Dom}\, f = X$이므로 f^{-1}는 전사이다. 그러므로 $f^{-1}: Y \to X$는 전단사함수이다. ■

연습문제 3.4

1. 함수 $f, g: \mathbb{R} \to \mathbb{R}$가 각각 $f(x) = 3x + 2$, $g(x) = x^2 - 3$으로 정의되었을 때 합성함수 $g \circ f$, $f \circ g$를 구하여라.

2. 함수 $f: X \to Y$, $g: Y \to Z$에 대하여 다음을 증명하여라.
   (1) $f: X \to Y$와 $g: Y \to Z$가 단사이면 $g \circ f: X \to Z$는 단사이다.

(2) $f: X \to Y$이고 $g: Y \to Z$가 전사이면 $g \circ f: X \to Z$는 전사이다.

3. 함수 $f: X \to Y$, $g: Z \to W$에 대하여 f와 g의 곱 $f \times g$를

$$\begin{array}{rccc} f \times g: & X \times Z & \longrightarrow & Y \times W \\ & \Cup & & \Cup \\ & (x, z) & \rightsquigarrow & (f \times g)(x, z) = (f(x), g(z)) \end{array}$$

로 정의하면 다음이 성립함을 증명하여라.

(1) $f \times g: X \times Z \to Y \times W$가 함수이다.

(2) f와 g가 단사함수이면 $f \times g$도 단사함수이고,
f와 g가 전사함수이면 $f \times g$도 전사함수이다.

(3) $\mathrm{Im}(f \times g) = \mathrm{Im} f \times \mathrm{Im} g$

4. 전단사함수 $f: X \to Y$, $g: Z \to W$에 대하여 $X \cap Z = \phi$이고 $Y \cap W = \phi$라 하자. 함수 f, g의 합 $f \cup g = h$라 할 때 $h: X \cup Z \to Y \cup W$는 전단사함수임을 증명하여라.

5. $f: X \to Y$를 함수라 할 때 "f가 전사이다" $\Rightarrow$ "모든 함수 $g: Y \to Z$와 $h: Y \to Z$에 대하여 $g \circ f = h \circ f \Rightarrow g = h$"임을 증명하여라.

6. 함수 $f: X \to Y$에 대하여 $A \subseteq X$, $B \subseteq Y$라고 할 때 다음을 증명하여라.

(1) f가 단사이면 $A = f^{-1}[f(A)]$이고

(2) f가 전사이면 $B = f[f^{-1}(B)]$이다.

7. 함수 $f: X \to Y$에 대하여 다음을 증명하여라.

(1) f가 단사이면 $f^{-1} \circ f$는 전단사이다.

(2) f가 전사이면 $f \circ f^{-1}$는 전단사이다.

3.5 변환, 제한함수, 확대함수

사상 $f: X \to X$가 전단사일 때 f를 X의 변환(transformation)이라고 한다. 변환의 개념은 선형대수학이나 기하학, 해석학, 위상수학 등에서 유용하게 쓰이는 개념이다.

X 위의 항등함수 1_X는 X의 변환이고, f가 변환이면 f^{-1}(f의 역함수)도 변환이다. 앞에서 언급했듯이 주어진 함수 f가 전사함수도 아니고 단사함수도 아닐 때 f의 정의역을 제한(축소)하고, 공변역 Y를 확대하여 생각함으로써 새로운 전사 혹은 단사함수를 만들 수 있다. 또 함수의 정의역을 제한 혹은 확대하여 봄으로써 수학적 상황에 필요한 다양한 정보를 이해하는 데 많은 도움을 줄 수 있다.

| 정의 10 |

함수 $f: X \to Y$와 부분집합 $A \subseteq X$에 대하여 함수 f의 정의역을 A로 제한한 A에서 Y로의 함수를 다음과 같이 정의한다.

$$\begin{array}{rccl} f|_A: & A & \longrightarrow & Y \\ & \Cup & & \Cup \\ & x & \longmapsto & f|_A(x) = f(x) \end{array}$$

즉, $f|_A$는 f의 정의역을 A로 제한한 제한(restriction)함수라고 한다. 역으로 주어진 함수 f에 대하여 정의역 X를 확장한 $X_1 (\supseteq X)$에 대하여 새로운 함수 F를 다음과 같이 정의한다. 즉,

$$\begin{array}{rccl} F: & X_1 & \longrightarrow & Y \\ & \Cup & & \Cup \\ & x & \longmapsto & F(x) = f(x)(x \in X),\ 즉\ F|_X = f \end{array}$$

으로 정의한 새로운 함수 F는 함수 f의 정의역을 X_1으로 확대한 확대(extension)함수라고 한다.

위에서 정의한 제한함수와 확대함수의 정의를 면밀히 검토해 보면 주어진 함

수 f에 대하여 부분집합 $A(\subseteq X)$가 주어지면 그에 상응하는 제함한수 $f|_A$는 유일하게 정의되지만 정의역 X를 $X_1(\supseteq X)$으로 확대한 확대함수 $G: X_1 \to Y$는 다양한 형태의 함수가 된다. 정의역을 확대하여 만드는 확대함수의 존재성 문제는 수학의 각 분야에서 매우 유용하게 사용되는 **확대문제**(extension problem)인 것이다.

예제13

$f: \mathbb{R} \to \mathbb{R}$를 $f(x)=2x$에 의하여 정의한 함수라 할 때 $f|_{\mathbb{R}_+}: \mathbb{R}_+ \to \mathbb{R}$를 $f|_{\mathbb{R}_+}(x)=2x$로 정의하면 $f|_{\mathbb{R}_+}$는 f를 $\mathbb{R}_+$로 제한한 제한함수이다.(여기서 $\mathbb{R}_+ = \{x | x \in \mathbb{R},\ x>0\}$)

한편

$$\begin{array}{lcl} g: \mathbb{R}-\{1\} & \longrightarrow & \mathbb{R} \\ \quad\ \ \Uparrow & & \\ \quad\ \ x & \leadsto & g(x) = \dfrac{x^2-1}{x-1} \end{array}$$

으로 정의할 때

$$\begin{array}{lcl} G: \mathbb{R} & \longrightarrow & \mathbb{R} \\ \quad\ \Uparrow & & \\ \quad\ x & \leadsto & G(x) = x+1 \end{array}$$

으로 정의하면 새로운 함수 G는 임의의 $x(\in \mathbb{R}-\{1\})$에 대하여 $G(x)=g(x)$이면서 정의역을 $\mathbb{R}-\{1\}$에서 $\mathbb{R}$로 확대한 함수이므로 G는 함수 g의 확대함수이다.

여기서 확대함수의 유용성을 알아보기 위하여 피복의 개념을 소개한다. 즉, 임의의 집합 X에 대하여 부분집합족 $\{X_\alpha | X_\alpha \subseteq X,\ \alpha \in M\}$이 $\bigcup_{\alpha \in M} X_\alpha = X$일 때 그 $\{X_\alpha | X_\alpha \subseteq X,\ \alpha \in M\}$을 X의 **덮개**(covering) 혹은 피복라 한다. 다음 정리는 확대함수에 관한 중요한 정리이다.

정리 16

$\{X_\alpha | \alpha \in M\}$이 X의 덮개(피복, covering)이라 하자. 각 $\alpha(\in M)$에 대하여 함수 $f_\alpha : X_\alpha \to Y$가 주어지고, 각 α, $\beta(\in M)$에 대하여 $f_\alpha|_{X_\alpha \cap X_\beta} = f_\beta|_{X_\alpha \cap X_\beta}$라고 가정한다. 그러면 각 f_α의 확대함수 $f : X \to Y$가 유일하게 존재한다. 즉 $f|_{X_\alpha} = f_\alpha$, $^\forall \alpha \in M$.

증명 $\{X_\alpha | \alpha \in M\}$이 X의 덮개이므로 각 $x(\in X)$에 대하여 x를 원소로 갖는 X_α가 존재한다. 즉 $f : X \to Y$는 함수가 된다. 왜냐하면 만약 x가 X_α와 다른 X_β에 속한다면 가정에 의하여 $f_\alpha|_{X_\alpha \cap X_\beta} = f_\beta|_{X_\alpha \cap X_\beta}$이므로 $f_\alpha(x) = f_\beta(x) = f(x)$이기 때문이다. 즉 임의의 $x(\in X)$에 대하여 유일한 대응 $f(x)$가 Y에 존재한다. 그리고 함수 f는 임의의 $X_\alpha(\alpha \in M)$을 X로 정의역을 확대하였고 $f|_{X_\alpha} = f_\alpha$이므로 f는 f_α의 확대함수이다. ■

정리 17

$\{X_\alpha | \alpha \in M\}$이 X의 분할이고 각 $\alpha(\in M)$에 대하여 함수 $f_\alpha : X_\alpha \to Y$가 주어지면 f_α의 확대함수 $f : X \to Y$가 유일하게 존재한다.

증명 정리 16을 적용하기 위한 필요조건 $f_\alpha|_{X_\alpha \cap X_\beta} = f_\beta|_{X_\alpha \cap X_\beta}$가 자동적으로 성립한다.($\because$ $X_\alpha \cap X_\beta = \phi$) ■

연습문제 3.5

1. 함수 $f : \mathbb{R}_+ \to \mathbb{R}$가 $f(x) = x$로 주어졌을 때
   (1) $A = [1, 10]$로의 제한함수의 그래프를 그려라.
   (2) f의 정의역을 $\mathbb{R}$로 확대한 확대함수를 만들고 그래프를 그려라.

2. 두 함수 $f_1 : X_1 \rightarrow Y,\ f_2 : X_2 \rightarrow Y$

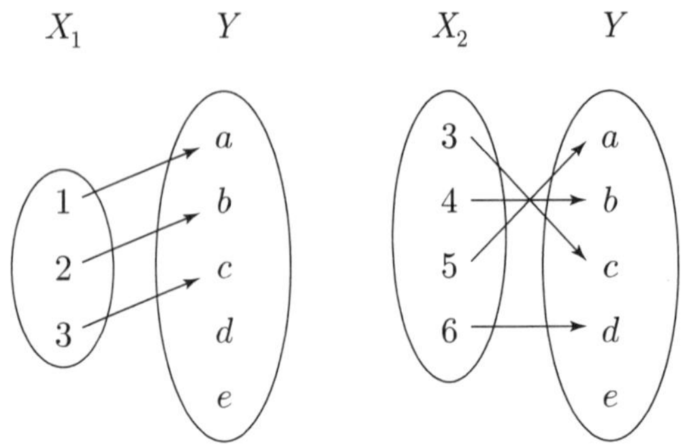

에 대하여

(1) 함수 f_1과 f_2를 $X = X_1 \cup X_2$로 확대한 확대함수 $f : X \rightarrow Y$를 만들어라.

(2) (1)의 확대함수 $f : X \rightarrow Y$에 대하여 $A = \{3,\ 4,\ 5\}(\subseteq X)$로 제한한 제한함수 $f|_A$를 만들어라.

제4장 가부번집합과 비가부번집합

- 4.1 집합의 대등
- 4.2 가부번집합
- 4.3 비가부번집합

4.1 집합의 대등

제3장의 정의 8에서 대등(equipotent)을 언급했었다. 즉, 두 집합 X, Y에 대하여 전단사함수 $f : X \to Y$가 존재하면 X와 Y는 대등(equipotent)이라고 하고 $X \sim Y$로 표시했었다. 이 절에서는 집합의 대등에 관한 다양한 성질을 알아보고 집합의 원소의 개수를 알아보는 데 중요한 개념이 될 몇 가지 정리를 알아본다. 특히, 유념할 것은 전단사함수는 유계성(boundedness)를 보장하지 않는다(예제 1(2) 참조).

예제 1

(1) 열린구간 $(0, 1)$과 $(-1, 1)$은 대등이다.

(2) 열린구간 $(-1, 1) \sim \mathbb{R}$이고 $(0, 1) \sim \mathbb{R}$이다.

(3) 임의의 열린구간 (a, b)와 (c, d)는 대등이다.

풀이 (1) 함수 $f : (0, 1) \longrightarrow (-1, 1)$

$$\begin{array}{ccc} (0,1) & \longrightarrow & (-1,1) \\ \Cup & & \Cup \\ x & \rightsquigarrow & f(x) = 2x - 1 \end{array}$$

로 정의하면 f는 진단사함수이므로 $(0, 1) \sim (-1, 1)$이다.

(2) 함수 $g : (-1, 1) \longrightarrow \mathbb{R}$

$$\begin{array}{ccc} (-1,1) & \longrightarrow & \mathbb{R} \\ \Cup & & \Cup \\ x & \rightsquigarrow & \tan\frac{\pi}{2}x \end{array}$$

으로 정의하면 g는 전단사함수이므로 $(-1, 1) \sim \mathbb{R}$이고 전단사함수의 합성함수 성질에 의하여 함수 $f : (0, 1) \to (-1, 1)$과 $g : (-1, 1) \to \mathbb{R}$ $(f(x) = 2x - 1,\ g(x) = \tan\frac{\pi}{2}x)$의 합성함수 $g \circ f : (0, 1) \to \mathbb{R}$은 전단사함수이므로 $(0, 1) \sim \mathbb{R}$이다.

(3) $(a, b) \sim (c, d)$임을 보이기 위해 전단사함수 $f : (a, b) \to (c, d)$를 다음과 같이 정의한다.

$$f(x) = \frac{d - c}{b - a}(x - a) + c$$

■

| 정리 1

집합 X, Y, Z, W에 대하여 $X \cap Z = \phi = Y \cap W$이고 $X \sim Y$, $Z \sim W$라 하면 $X \cup Z \sim Y \cup W$이다.

증명 먼저 함수의 합 $f \cup g : X \cup Z \to Y \cup W$는 잘 정의된 함수이고 f와 g가 전단사함수이므로 $f \cup g$도 조건($X \cap Z = \phi = Y \cap W$) 아래에서는 전단사함수가 되어서 $X \cup Z \sim Y \cup W$이다. ■

| 정리 2

집합 X, Y, Z, W가 $X \sim Y$이고 $Z \sim W$이라면 $X \times Z \sim Y \times W$이다.

증명 전단사함수 $f : X \to Y$, $g : Z \to W$에 대하여 $f \times g : X \times Z \to Y \times W$를 $(f \times g)(x, z) = (f(x), g(z))$로 정의하면 $f \times g$는 전단사함수가 되므로 $X \times Z \sim Y \times W$이다. ■

예제 2

정리 2를 구체적인 집합 $X = \{1, 2, 3\}$, $Y = \{a, b, c\}$, $Z = \{4, 5\}$, $W = \{e, f\}$를 통하여 $X \times Z \sim Y \times W$임을 보여라.

풀이 전단사함수 f와 g를 다음과 같이 놓자. 즉,

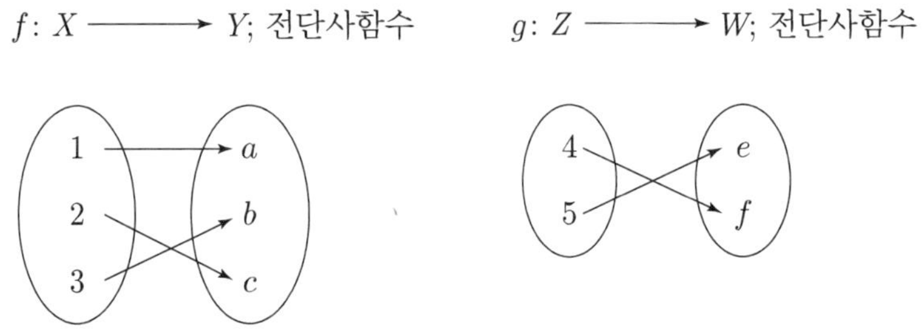

이라 할 때

$$
\begin{array}{ccc}
h = X \times Z & \longrightarrow & Y \times W \\
\Uparrow & & \Uparrow \\
(x, z) & \longmapsto & (f(x), g(z)) = h(x, z)
\end{array}
$$

로 정의하면 h는 자연스럽게 전단사함수가 되므로 $X \times Z \sim Y \times W$이다. ■

연습문제 4.1

1. 두 집합 X, Y에 대하여 $X \times Y \sim Y \times X$임을 보여라.

2. 집합족 $\{X_\alpha | \alpha \in M\}$, $\{Y_\alpha | \alpha \in M\}$에 대하여 임의의 α에 대하여 $X_a \sim Y_\alpha$이고 $\bigcap_{\alpha \in M} X_\alpha = \phi$, $\bigcap_{\alpha \in M} Y_\alpha = \phi$일 때 $\bigcup_{\alpha \in M} X_\alpha \sim \bigcup_{\alpha \in M} Y_\alpha$임을 보여라.

3. 두 집합족 $\{X_\alpha | \alpha \in M\}$, $\{Y_\alpha | \alpha \in M\}$에 대하여 $X_\alpha \sim Y_\alpha$이면 데카르트 곱 $\prod_{\alpha \in M} X_\alpha \sim \prod_{\alpha \in M} Y_\alpha$임을 증명하여라.

4. $(X - Y) \sim (Y - X)$이면 $X \sim Y$임을 증명하여라.

4.2 가부번집합

앞(2.1절)에서 유한개 원소를 갖는 집합을 유한집합이라고 정의하였다. 한편 유한집합이 아닌 집합을 무한집합으로 정의하였으나 더욱 엄밀한 수학적 정의로서 유한집합과 무한집합을 정리해보자. 자연수 집합 $\mathbb{N}$은 무한집합이고 $\mathbb{N}$의 부분집합인 짝수들의 집합 $\mathbb{N}_0 = \{2, 4, 6, \cdots\}$와 $\mathbb{N}$은 대등이다. 따라서 전체 집합과 그 진부분집합이 원소의 개수가 같을 수 있다는 점에 착안하여 데데킨트(Richard Dedekind, 1813～1916)는 무한집합과 유한집합을 다음과 같이 정의하였다.

| 정의 1 |

어떤 집합 X가 무한집합이라 함은 X와 대등인 어떤 진부분집합 $Y(\subsetneq X)$가 존재하는 것이고, 무한집합이 아닌 집합을 유한집합이라고 한다. 즉, 집합 X가 무한집합이라 함은 단사함수 $f: X \to X$가 존재하여 $f(X) \neq X$ 임을 의미한다.

예제 3

자연수 집합 $\mathbb{N}$이나 실수 집합 $\mathbb{R}$은 무한집합이다.

풀이 자연수 집합 $\mathbb{N}$의 진부분집합 $\mathbb{N}_0$(짝수들의 집합)가 존재하여 $\mathbb{N}_0 \sim \mathbb{N}$이고 $\mathbb{R}$의 진부분집합 $(-1,\ 1)$이 존재하여 $(-1,\ 1) \sim \mathbb{R}$(예제 1 참조)이기 때문이다. ■

| 정리 3

(1) 임의의 무한집합의 초집합(super set)은 무한집합이다.
(2) 임의의 유한집합의 부분집합은 유한집합이다.

증명 (1) 임의의 무한집합을 X라 하고 그 초집합을 Y (즉 $X \subseteq Y$)라 할 때 정의 1에 의하여 단사함수 $f: X \to X$가 존재하고 $f(X) \neq X$이다. 여기서 함수 $g: Y \to Y$를

$$g(y) = \begin{cases} f(y), & y \in X \\ y, & y \in Y - X \end{cases}$$

로 정의하면 g는 단사함수이고 $g(Y) \neq Y$ 이다. 그러므로 X의 초집합 Y는 무한집합이다.

(2) 임의의 유한집합 Y에 대하여 그 부분집합을 $X(X \subseteq Y)$라 놓자. 그 X가 유한집합임을 보이기 위하여 귀류법을 사용하여 X가 무한집합이라고 가정한다. 그러면 (1)에 의하여 Y는 무한집합이 되어 가정에 모순된다. 따라서 X는 유한집합이다. ■

한편 공집합 ϕ과 한원소집합(singleton)은 유한집합이다.

▎정리 4

집합 X 와 Y 가 대등일 때 X 가 무한집합이면 Y 도 무한집합이다.

증명 X 는 무한집합이므로 정의 1에 의하여 단사함수 $f: X \to X$ 가 존재하여 $f(X) \neq X$이다. $g: X \to Y$ 는 전단사함수이므로 $g^{-1}: Y \to X$ 도 전단사함수이다. 여기서 새로운 단사함수 $h = g \circ f \circ g^{-1}: Y \to Y$ 를 만들 수 있다. 그러므로

$$\begin{aligned} h(Y) &= (g \circ f \circ g^{-1})(Y) \\ &= (g \circ f)(g^{-1}(Y)) \\ &= (g \circ f)(X) = g(f(X)) \end{aligned}$$

인데 $f(X) \neq X$ 이고 g는 전단사함수이므로 $g(f(X)) \neq Y$ 이다. 즉 $h(Y) \neq Y$ 이다. 따라서 $h(Y)$는 Y 의 진부분집합이므로 Y는 무한집합이다. ■

▎따름정리 5

X 가 유한집합이고 X 와 Y 가 대등하면 Y 도 유한집합이다.

증명 생략. ■

▎정리 6

X 가 무한집합이면 $x_0 \in X$에 대하여 $X - \{x_0\}$은 무한집합이다.

증명 정의 1에 의하여 단사함수 $f: X \to X$ 가 존재하여 $f(X) \neq X$ 이다. 이제 두 가지 경우로 나누어 증명한다.

(1) $x_0 \in f(X)$일 때

적당한 $x_1 (\in X)$이 존재하여 $f(x_1) = x_0$이다. 이제 함수 $g: X - \{x_0\} \to X - \{x_0\}$를 다음과 같이 정의한다.

$$g(x) = \begin{cases} f(x), & x \neq x_1 \\ x_2, & x(=x_1) \in X - \{x_0\} \end{cases}$$

(여기서 x_2는 $X - f(X)(\neq \phi)$의 임의의 원소이다.) 그러면 함수 g는 단사이고 $g(X - \{x_0\}) \neq X - \{x_0\}$이므로 $X - \{x_0\}$은 무한집합이다.

(2) $x_0 \in X - f(X)$일 때,

함수 $g : X - \{x_0\} \to X - \{x_0\}$를 다음과 같이 정의한다. 즉, 임의의 $x \in X - \{x_0\}$에 대하여 $g(x) = f(x)$. 여기서 $f : X \to X$가 단사이므로 $g : X - \{x_0\} \to X - \{x_0\}$도 단사이다. 그러면 $g(X - \{x_0\}) \neq X - \{x_0\}$이므로 $X - \{x_0\}$은 무한집합이다.

따라서 경우 (1), (2)에 의하여 $X - \{x_0\}$는 무한집합이다. ■

여기서 $\mathbb{N}_k$를 약속한다. 임의의 $k(\in \mathbb{N})$에 대하여 $\mathbb{N}_k = \{1, 2, 3, \cdots, k\}$로 약속한다.

예제 4

임의의 $k(\in \mathbb{N})$에 대하여 $\mathbb{N}_k$는 유한집합이다.

증명 위 명제를 수학적 귀납법으로 증명한다.

먼저 $k = 1$일 때 $\mathbb{N}_1$, 즉 $\mathbb{N}_1 = \{1\}$은 한원소집합이므로 유한집합이다. 이제 적당한 임의의 자연수 k에 대하여 $\mathbb{N}_k$는 유한집합이라고 가정하자. 여기서 $\mathbb{N}_{k+1} = \mathbb{N}_k \cup \{k+1\}$은 유한집합이다. 왜냐하면 $\mathbb{N}_{k+1}$이 무한집합이라고 하면 정리 6에 의하여 $\mathbb{N}_k$도 무한집합이 되어 가정에 모순이 된다. 따라서 $\mathbb{N}_k$가 유한집합이라면 $\mathbb{N}_{k+1}$은 유한집합이다. 따라서 수학적 귀납법에 의하여 임의의 k $(\in \mathbb{N})$에 대하여 $\mathbb{N}_k$는 유한집합이다. ■

그러므로 집합 X 에 대하여 $X = \phi$ 또는 X와 적당한 $\mathbb{N}_k$가 대등이면 그리고 그때에만 X 는 유한집합임을 따름정리 5에 의하여 쉽게 알 수 있다.

| 정의 2 |

자연수 집합 $\mathbb{N}$과 대등인 집합 X를 **가부번집합**(denumberable set)이라 하고, 유한집합이거나 가부번집합을 **가산집합**(countable set)이라고 한다.

| 정리 7

가부번집합의 부분집합은 가산집합이다.

증명 가부번집합 X의 원소들에 빠짐없이 번호를 붙여서

$$a_1,\ a_2,\ a_3,\ \cdots,\ a_n,\ \cdots$$

와 같이 나열해 놓았을 때 X의 부분집합 $T(\neq \phi)$에 속하는 X의 원소들에 대한 번호의 집합을 생각하면 그것은 $\mathbb{N}$의 부분집합이므로 그 가운데에 최소수가 있다. 그것을 n_1이라 한다. 다음에 $T-\{a_{n_1}\}\neq \phi$이면 그 가운데 있는 최소수를 n_2라 하면

$$n_1 < n_2,\quad a_{n_2}\in T-\{a_{n_1}\}$$

이다. 같은 방법으로 $T-\{a_{n_1},\ a_{n_2}\}\neq \phi$이면 최소수 n_3를 구하여 진행한다. 이와 같이 하면 어떤 $k(\in\mathbb{N})$에 대하여

$$T-\{a_{n_1},\ a_{n_2},\ \cdots,\ a_{n_k}\}=\phi \qquad \cdots (1)$$

이든가 또는 임의의 $k(\in\mathbb{N})$에 대하여

$$T-\{a_{n_1},\ a_{n_2},\ \cdots,\ a_{n_k}\}\neq \phi \qquad \cdots (2)$$

이다. (1)의 경우는 T가 유한집합이므로 증명이 끝났고, (2)의 경우에도 T는 유한집합이 아닌 $T\subseteq X$이고 X가 가부번집합이니까 T도 가부번집합이 된다. ■

| 따름정리 8

가부번집합의 무한부분집합은 또 하나의 가부번집합이다.

증명 생략. ■

| 정리 9

(1) 가부번집합 X에 유한개의 원소를 첨가해도 가부번집합이다.
(2) 가부번집합 X에서 유한개의 원소를 덜어내도 가부번집합이다.

증명 (1) $X=\{a_i | i \in \mathbb{N}\}$에 p개의 원 $b_1,\ b_2,\ \cdots,\ b_p$를 첨가한 집합

$$X'=\{b_1,\ b_2,\ \cdots,\ b_p,\ a_1,\ a_2,\ \cdots\}$$

에서 $b_1=c_1,\ b_2=c_2,\ \cdots,\ b_p=c_p,\ a_1=c_{p+1},\ \cdots,\ a_n=c_{p+n},\ \cdots$으로 놓으면 X'도 가부번집합이 된다.

(2)의 증명도 쉽게 해결된다. ■

두 개의 가부번집합 $X,\ Y$의 합집합도 가부번집합이다. 예를 들면 정수 전체의 집합 $\mathbb{Z}=\mathbb{N}\cup\{0\}\cup\{-n | n\in\mathbb{N}\}$는 가산이다. 위의 사실을 되풀이하면 유한개의 가부번집합의 합집합도 가산이다. 더 나아가 가산개의 가부번집합의 합집합도 가부번집합이 된다.

| 정리 10

$\{X_n | n\in\mathbb{N}\}$을 가부번집합들의 집합족이라 할 때 $\bigcup_{n\in\mathbb{N}} X_n$은 가부번집합이다.

증명 X_n의 모든 원을 $a_{n1},\ a_{n2},\ a_{n3},\ \cdots,\ a_{nn},\ \cdots$와 같이 표시하자. 합집합 $\bigcup_{n\in\mathbb{N}} X_n$의 모든 원은

$$\bigcup_{n\in\mathbb{N}} X_n = \{a_{nm} \mid n,\ m\in\mathbb{N}\}$$

와 같이 이중의 번호를 붙여서 표시한다. 즉, 자세히 살펴본다.

$$\begin{array}{l}
X_1 = \{a_{11},\ a_{12},\ a_{13},\ a_{14},\ \cdots\} \\
\qquad\quad \swarrow \quad \swarrow \quad \swarrow \\
X_2 = \{a_{21},\ a_{22},\ a_{23},\ a_{24},\ \cdots\} \\
\qquad\quad \swarrow \quad \swarrow \\
X_3 = \{a_{31},\ a_{32},\ a_{33},\ a_{34},\ \cdots\} \\
\qquad\quad \swarrow \\
X_4 = \{a_{41},\ a_{42},\ a_{43},\ a_{44},\ \cdots\} \\
\cdots\cdots\cdots\cdots\cdots\cdots \\
\cdots\cdots\cdots\cdots\cdots\cdots
\end{array}$$

위에서 화살표방향으로 $a_{11},\ a_{12},\ a_{21},\ a_{13},\ \cdots$와 같이 중복되는 원소는 배제하고 다시 나열하여 다시 번호를 붙여 나아가면 $\bigcup_{n\in\mathbb{N}} X_n$은 가부번집합이다. ■

❚ 정리 11

$\{X_n \mid n\in\mathbb{N}\}$를 가부번집합들의 집합족이라 할 때 $^{\forall}k\in\mathbb{N}$에 대하여 데카르트 곱 $\prod_{n\in\mathbb{N}_k} X_n$도 가부번집합이다.

증명 $\mathbb{N}_k$는 유한집합이므로, 임의의 두 개의 가부번집합 X_1, X_2의 데카르트 곱 $X_1\times X_2$가 가부번집합임을 보이면 된다. 정리 10과 비슷한 방법으로 증명한다. ■

예제 5

$\mathbb{N}^2 = \mathbb{N}\times\mathbb{N} = \{(p,\ q) \mid p,\ q\in\mathbb{N}\}$은 가부번집합이다.

풀이 $\mathbb{N}^2 = \{(p,\ q) \mid p,\ q\in\mathbb{N}\} = \bigcup_{p\in\mathbb{N}} \{(p,\ q) \mid q\in\mathbb{N}\}$에서 p를 고정시키면 $\{(p,\ q) \mid q\in\mathbb{N}\}$은 가부번집합이므로 정리 10에 의하여 $\bigcup_{p\in\mathbb{N}} \{(p,\ q) \mid q\in\mathbb{N}\} = \mathbb{N}^2$은 가부번집합이다. ■

예제 6

유리수 집합 $\mathbb{Q}=\{p/q \mid p\in\mathbb{Z},\ q\in\mathbb{N}\}$은 가부번집합이다.

풀이 $\mathbb{Q}=\mathbb{Q}_+\cup\{0\}\cup\mathbb{Q}_-$이다.(여기서 $\mathbb{Q}_+=\{p/q \mid p/q>0\}$, $\mathbb{Q}_-=\{p/q \mid p/q<0\}$이다.) 그런데 $\mathbb{Q}_+\sim\mathbb{Q}_-$이므로 $\mathbb{Q}$가 가부번집합임을 보이기 위하여 $\mathbb{Q}_+$가 가부번집합임을 보이면 된다. 그래서 $f:\mathbb{Q}_+\to\mathbb{N}\times\mathbb{N}$를 $f(p/q)=(p,\ q)$로 정의하면 p와 q의 최대공약수 $(p,\ q)=1$이므로 함수 f는 단사함수이다. 그러므로 $f(\mathbb{Q}_+)\sim\mathbb{Q}_+$이다. 한편 $f(\mathbb{Q}_+)\subseteq\mathbb{N}\times\mathbb{N}$이고 $\mathbb{Q}_+$는 무한집합이다. 따라서 $f(\mathbb{Q}_+)$는 가부번집합 $\mathbb{N}\times\mathbb{N}$의 무한부분집합이다. $f(\mathbb{Q}_+)$는 가부번집합이므로 $\mathbb{Q}_+$도 가부번집합이다. 따라서 정리 9에 의하여 $\mathbb{Q}$는 가부번집합이다. ■

연습문제 4.2

1. 모든 무한집합은 가부번집합을 부분집합으로 포함함을 증명하여라.

2. X가 가부번집합이고 Y가 유한집합이면 $X-Y$도 가부번집합임을 보여라,

3. 유리수 집합 $\mathbb{Q}$에 대하여 $\mathbb{Q}\times\mathbb{Q}$이 가부번집합임을 보여라.

4. X가 가부번집합이고 $Y\subseteq X$이며 $f:\ Y\to X$가 단사함수이면 Y는 가산집합임을 증명하여라.

4.3 비가부번집합

앞 절에서는 가부번집합의 여러 가지 성질을 공부했는데 도대체 "가부번집합이 아닌 무한집합이 있느냐?" 하는 의문을 갖게 된다. 물론 가부번집합이 아닌 무한집합이 무수히 많이 있다. 칸토어(G. Cantor)가 집합을 연구하던 중

비가부번집합의 존재성을 증명하면서 자기 자신도 매우 놀랐다고 한다.

❙ 정의 3 ❙

자연수 집합과 일대일 대응이 되지 않는 무한집합을 **비가부번집합**(non-denumberable set)이라 한다.

참고로 가산집합이 아닌 집합을 비가산집합(uncountable set)이라 한다. 즉, 비가산집합은 유한집합도 아니고 가부번집합도 아닌 무한집합이다. 그러므로 비가부번집합은 비가산집합이다.

❙ 정리 12

열린 단위구간 $(0,\ 1)$은 비가부번집합이다.

증명 귀류법을 사용한다. $(0,\ 1)$의 모든 실수에 빠짐없이 번호를 붙일 수 있다고 가정하자(즉, $(0,\ 1)$이 유한집합이 아닌 것은 분명하므로 $(0,\ 1)$을 가부번집합이라 하자).

$$x_1,\ x_2,\ x_3,\ \cdots,\ x_n,\ \cdots$$

의 각 x_i는 무한소수로 표시한다. 즉 유한소수도 순환하는 무한소수로 표현한다.

$$\begin{aligned} x_1 &= 0.a_1a_2a_3\cdots \\ x_2 &= 0.b_1b_2b_3\cdots \\ x_3 &= 0.c_1c_2c_3\cdots \\ &\cdots\cdots\cdots\cdots \\ &\cdots\cdots\cdots\cdots \end{aligned}$$

여기에서 $a_i(i\in\mathbb{N})$, $b_i(i\in\mathbb{N})$ 그리고 $c_i(i\in\mathbb{N})$은 $0,\ 1,\ 2,\ \cdots,\ 9$ 중의 숫자이다. 이제 다음과 같은 무한소수를 생각하자. 즉,

$$w = 0.\alpha_1\beta_2\gamma_3\cdots$$

여기서 $\alpha_1(\neq 0)$은 a_1이 아닌 1, 2, ⋯, 9 중의 한 숫자로 택한다.

다음에 $\beta_2(\neq 0)$은 b_2가 아닌 1, 2, ⋯, 9 중의 한 숫자로 택한다.

$\gamma_3(\neq 0)$는 c_3와 다른 숫자($\gamma_3 \in \{1, 2, \cdots, 9\}$)로 정한다. 이와 같이 정하여 w를 만들면 $w \in (0, 1)$이고 임의의 $x_i \neq w$이다. 그러면 $(0, 1)$이 가부번집합이라는 가정에 모순이 되므로 $(0, 1)$은 비가부번집합이다. ■

정리 12의 증명법을 칸토어의 대각선법(diagonal method)이라 부른다.

예제 7

실수 집합 $\mathbb{R}$은 비가부번집합이다.

풀이

$$\begin{array}{ccc} f : (-1, 1) & \longrightarrow & \mathbb{R} \\ \cup\!\!\!\!\cup & & \cup\!\!\!\!\cup \\ x & \leadsto & f(x) = \tan\dfrac{\pi}{2}x \end{array}$$

는 전단사함수이고 $(0, 1) \sim (-1, 1)$이므로 $(0, 1) \sim \mathbb{R}$이다. ■

▌따름정리 13

임의의 닫힌구간 $[a, b]$의 점집합은 비가부번집합이다.

증명 임의의 구간 $[a, b]$와 $[-1, 1]$은 대등하다. 왜냐하면

$$\begin{array}{ccc} f : [-1, 1] & \longrightarrow & [a, b] \\ \cup\!\!\!\!\cup & & \cup\!\!\!\!\cup \\ x & \leadsto & f(x) = \dfrac{b-a}{2}x + \dfrac{b+a}{2} \end{array}$$

에 의하여 f는 전단사함수이므로 $[-1, 1] \sim [a, b]$이다. ■

▌정리 14

비가부번집합에서 가부번집합을 제거하여도 역시 비가부번집합이다.

증명 비가부번집합을 A라 하고 A에서 가부번 부분집합 $\{a_n | n \in \mathbb{N}\}$을 제거한 집합을 B라 할 때, $B \sim A$가 되는 것을 보인다. B가 무한집합인 것은 명백하므로 B는 가부번집합 $\{b_n | n \in \mathbb{N}\}$을 진부분집합으로 품는다.

$B - \{b_n | n \in \mathbb{N}\} = C$라 놓으면

$$A = C \cup \{b_n | n \in \mathbb{N}\} \cup \{a_n | n \in \mathbb{N}\}, \ B = C \cup \{b_n | n \in \mathbb{N}\}$$

으로 표시된다. 여기서 함수

$$f : B = C \cup \{b_n | n \in \mathbb{N}\} \to A = C \cup \{a_n | n \in \mathbb{N}\} \cup \{b_n | n \in \mathbb{N}\}$$

을 대응 $b_{2n} \to b_n$, $b_{2n-1} \to a_n$, 그리고 $^\forall c \to c$ $(^\forall c \in C)$에 의하여 생각하면 $\{b_n | n \in \mathbb{N}\} \sim \{b_n | n \in \mathbb{N}\} \cup \{a_n | n \in \mathbb{N}\}$을 얻고, 전단사함수 f에 의하여 $B \sim A$임을 얻을 수 있다. ■

연습문제 4.3

1. X, Y가 비가부번집합이면 $X \cup Y$도 비가부번집합이다.

2. X, Y가 비가부번집합이면 $X \times Y$도 비가부번집합이다.

3. $(0, 1)$ 사이에 존재하는 무리수 집합은 비가부번집합임을 증명하여라.

4. 임의의 닫힌구간 $[a, b]$와 $[c, d]$가 대등함을 보이시오.

5. 임의의 열린구간 (a, b)와 (c, d)가 대등함을 보이시오.

6. 임의의 자연수 k만큼의 자연수 집합 $\mathbb{N}$의 데카르트 곱 $\mathbb{N} \times \mathbb{N} \times \cdots \times \mathbb{N}$이 가부번집합임을 수학적 귀납법을 사용하여 증명하시오.

7. 임의의 두 개의 열린구가 대등함을 보이시오.

제5장 기수와 그 연산

- 5.1 기수의 개념
- 5.2 기수의 비교
- 5.3 기수의 덧셈, 곱셈
- 5.4 기수의 거듭제곱(power)

이 장에서는 기수의 공리론적 개념을 소개하고 기수의 연산(덧셈, 곱셈)과 기수의 다양한 성질, 연속체 가설에 관하여 알아본다.

5.1 기수의 개념

인류의 역사와 더불어 수의 크기에 관한 개념은 우리 생활 속에서 밀접하게 관련되어 있다. 이를테면,

$$2+3=5,\ 4<7,\ 5\times 7=35$$

등이다.

앞에서 언급했듯이 집합에서 대등관계는 동치관계임을 알았다. 이 관계에 의하여 “집합들의 모임”을 동치류로 분할할 수 있다. 즉, 같은 동치류에 속하는 모든 집합들은 원소의 개수가 같다. 그런데 유한집합 X인 경우에는 그 집합에 상응하는 자연수 집합의 부분집합 $\mathbb{N}_k=\{1,\ 2,\ 3,\ \cdots,\ k\}$와 대등하므로 쉽게 그 집합 X의 원소의 개수의 크기를 k라고 쉽게 정의할 수 있다. 그러나 무한집합인 경우에는 유한한 자연수 집합의 부분집합 범위 내에서 주어진 집합의 크기를 정의할 수 없어서 새로운 개념의 수의 확장이 필요하다. 따라서 모든 집합에 사용할 수 있도록 대등관계에 의해 생성된 동치류가 공통으로 지니고 있는 성질을 **기수**(cardinal number) 또는 **농도**(cardinality)라고 부르고 임의의 집합 X에 대한 기수를 card X로 표현한다. 즉, 집합 A의 기수를 A와 대등한 모든 집합들이 공통으로 가지는 성질이라고 알아두자.

한편 기수에 관한 다음의 공리(axiom)를 공준(公準)으로 하여 기수를 이해하면 매우 편리하다.

[기수의 공리(axiom of cardinality)]

C-1. 각 집합 X에 대하여 card X로 표시된 하나의 기수가 정해지고 각 기수 α에 대하여 α의 크기를 갖는 하나의 집합 X가 존재한다.

C-2. $X=\phi$이면, 그리고 그때에만 card $X=0$이다.

C-3. 유한집합 $X(\neq\phi)$에 대하여 어떤 $k(\in\mathbb{N})$에 대하여 $X\sim\mathbb{N}_k$이면 card $X=k$이다.

C-4. 임의의 두 집합 X, Y에 대하여 $X \sim Y$이면, 그리고 그때에만 card X = card Y이다.

여기서 공리 C-2, C-3는 유한집합에 관한 기수의 정의에 필요한 공리이고 C-1과 C-4는 무한집합에 관한 기수의 정의에 필요한 공리이다. 즉, 집합의 기수란 그 집합과 대등한 모든 집합이 공통으로 갖는 성질을 표현한 개념이다.

예제 1

다음 집합의 기수를 구하여라.

$$X = \{1,\ 2,\ 3\},\ \ Y = \{\phi,\ \{3,\ 4\}\},\ \ Z = \{\phi,\ 1,\ 2,\ 3,\ 4\}$$

풀이 card $X = 3$, card $Y = 2$, card $Z = 5$. ■

연습문제 5.1

1. $A = \{a,\ b,\ c\}$, $B = \{1,\ 2\}$일 때 card B^A 및 card$(A \times B)$를 구하여라.

2. 다음 집합의 기수를 구하여라.
   (1) $X = \{\phi,\ \{\phi,\ \{1\}\},\ \{3,\ 4,\ 5\}\}$
   (2) $\{\phi,\ \{\phi,\ \{\phi\}\}\}$

3. 기수의 공리를 이용하여 임의의 자연수는 모두 기수임을 보여라.

5.2 기수의 비교

유한집합의 기수를 유한기수(finite cardinal number)라 하고 무한집합의 기수를 초한기수(transfinite cardinal number) 또는 무한기수(infinite cardinal number)

라고 부른다.

이 절에서는 주로 초한기수의 성질과 연산을 심도 있게 다루는데 초한기수는 유한기수의 확대로 볼 수 있기 때문에 유한기수의 성질을 잘 연구하여 확장적 사고에 의하여 초한기수를 다루면 훨씬 쉽게 초한기수를 이해할 수 있다.

5.1절의 기수의 공리에서 C-2, C-3은 유한기수가 음이 아닌 정수임을 알 수 있다.

유한기수는 자연스럽게 크기를 다음과 같이 비교할 수 있다.

$$0<1<2<3<\cdots<n<n+1<\cdots.$$

한편 임의의 두 초한기수에 대해서는 공리 C-4에 의하여 그들이 같을 때와 같지 않을 때를 판정할 수 있지만 두 초한기수의 크기에 의한 대소(大, 小)의 구별은 쉽지 않다.

그러므로 유한집합에서 기수의 크기를 비교하는 방법을 익혀서 점진적으로 초한기수의 크기를 비교하는 방법을 터득하도록 한다.

▌정리 1

두 개의 유한집합 X, Y에 대하여 X가 Y의 어떤 진부분집합과 대등하면 $\text{card}\,X<\text{card}\,Y$이고, X가 Y의 어떤 부분집합과 대등하면 $\text{card}\,X\le\text{card}\,Y$이다.

증명 X와 Y는 유한집합이므로 자연수 n, m이 존재하여 각각

$$X\sim\{1,\ 2,\ \cdots,\ m\},\quad Y\sim\{1,\ 2,\ 3,\ \cdots,\ n\}$$

이 성립한다. 그런데 X는 Y의 진부분집합과 대등이므로 $m<n$이 된다. 즉, $\text{card}\,X<\text{card}\,Y$이다. 또 $X\sim Y_1(\subseteq Y)$이면 앞의 증명과 기수의 공리 C-4에 의하여 $\text{card}\,X\le\text{card}\,Y$이 성립한다. ■

그러나 무한집합의 경우에 기수의 비교는 정리 1의 방법을 택할 수 없다. 왜냐하면, 무한집합의 경우는 데데킨트의 무한집합의 정의 "무한집합은 그 진부분집합과 대등하다"는 것이 성립하기 때문이다. 그래서 유한기수의 크기의 비교도 가능함과 동시에 무한기수의 크기를 비교할 수 있는 더욱 포괄적인 정의가 필요하다.

| 정의 1 |

집합 X, Y에 대하여 X가 Y의 어떤 부분집합과 대등하지만 Y는 X의 어떤 부분집합과도 대등하지 않을 때 card X는 card Y보다 작다라고 말하고 $\mathrm{card}\, X < \mathrm{card}\, Y$로 표시한다.

기수의 공리에 의하여, $^\forall X,\ \exists Y_1 \subseteq Y$ s.t. $X \sim Y_1 \Rightarrow \mathrm{card}\, X \le \mathrm{card}\, Y$이고 $\exists f: X \to Y$: 단사함수 $\Rightarrow \mathrm{card}\, X \le \mathrm{card}\, Y$임을 알 수 있다.

예제 2

$\mathrm{card}\, \mathbb{N} < \mathrm{card}\, \mathbb{R}$이다.

풀이 집합 $\mathbb{N}$은 $\mathbb{R}$의 부분집합 $\mathbb{N}$과 대등하고, $\mathbb{R}$은 비가부번집합이고 $\mathbb{N}$은 가부번집합이므로 $\mathbb{N}$의 어떤 부분집합이 $\mathbb{R}$와 대등할 수는 없는 것이다. 따라서 $\mathrm{card}\, \mathbb{N} < \mathrm{card}\, \mathbb{R}$이다. ■

위에서 언급했듯이 집합 X가 집합 Y의 부분집합과 대등하고 Y가 X의 부분집합과 대등할 때 두 기수 card X와 card Y를 비교할 수 있는 방법이 분명하지 않다. 이 경우 칸토어(G. Cantor)는 card X와 card Y는 같아야 한다고 예측하였다. 그 후 1890년대에 그 예측을 칸토어의 세미나에서 베른슈타인(F. Bernstein)과 슈뢰더(E. Schröder)가 제각기 논리적 증명을 하였으나 1902년 알윈 코르세(Alwin Korset)는 슈뢰더의 증명이 틀렸음을 지적하였다. 그래서 오늘날 그 결과(정리 2)를 칸토어-베른슈타인의 정리로 부른다.

| 정리 2 칸토어-베른슈타인의 정리

임의의 집합 X, Y에 대하여 X가 Y의 부분집합과 대등하고 Y가 X의 부분집합과 대등하면 X와 Y는 대등하다.

먼저 정리 2의 특별한 경우에 해당되는 다음 보조정리를 증명하면 정리 2는 이 보조정리로부터 쉽게 유도된다.

보조정리 3

집합 X의 부분집합 Y에 대하여 단사함수 $f: X \to Y$가 존재하면 전단사함수 $h: X \to Y$가 존재한다.

증명 (i) $X = Y$일 때 h는 전단사함수이다.

(ii) Y가 X의 진부분집합일 때 C는 집합 $\bigcup_{n \geq 0} f^n(X-Y)$를 나타내는 것으로 한다. 여기서 f^0는 X 위의 항등함수이고 각 양의 정수 k와 각 $x \in X$에 대해서는 $f^k(x) = f(f^{k-1}(x))$로 정의한다. 한편 각 $z \in X$에 대하여 $h(z)$를 다음과 같이 정의한다.

$$h(z) = \begin{cases} f(z), & z \in C \\ z, & z \in X - C \end{cases}$$

이때 $X-Y$는 C의 부분집합이고 $f(C) \subseteq C$이다. 또 서로 다른 음이 아닌 정수 m, n에 대하여, $m < n$일 때는 $f^m(X-Y)$와 $f^n(X-Y)$는 서로소이다. 만약 그렇지 않다면 $X-Y$의 두 원소 x, x'이 존재해서

$$f^m(x) = f^n(x')$$

이 성립하고

$$f^{n-m}(x') = f^0(x) = x \in Y \cap (X-Y)$$

를 얻는다. 그리고 $f^0(x) \in Y$이므로 $x \in Y$이고, 한편 $x \in X-Y$이므로 $x \notin Y$이다. 이것은 모순이다.

마침내 h의 정의와 마지막 결론에 의하여

$$\begin{aligned} h(X) &= (X-C) \cup f(C) \\ &= \left[X - \bigcup_{n \geq 0} f^n(X-Y)\right] \bigcup f\left(\bigcup_{n \geq 0} f^n(X-Y)\right) \\ &= \left[X - \bigcup_{n \geq 0} f^n(X-Y)\right] \bigcup \left[\bigcup_{n \geq 1} f^n(X-Y)\right] \end{aligned}$$

$$= X - (X - Y) = Y \text{ (그림 5.1 참조)}$$

을 얻으므로 $h(X) = Y$이다. 여기서는 f는 단사이므로 h는 전단사이다. ■

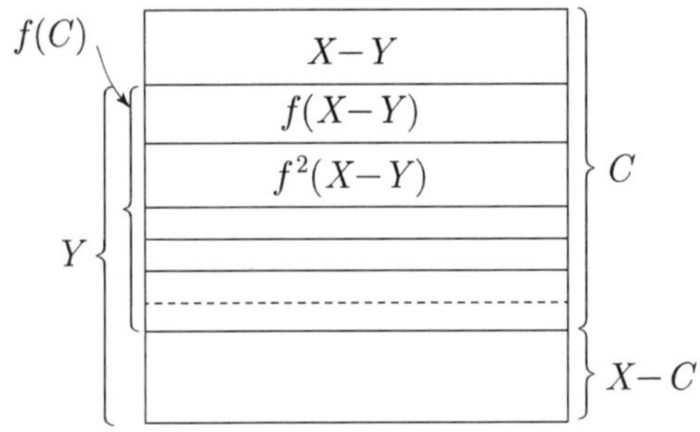

그림 5.1

[정리 2]의 증명

증명 집합 X, Y의 각각의 부분집합 X_0, Y_0에 대하여 $X \sim Y_0$, $Y \sim X_0$라 하고 두 전단사 $f_0 : X \sim Y_0$, $g_0 : Y \sim X_0$를 생각한다. 이제 $f(x) = g_0(f_0(x))$로 정의된 함수 $f : X \to X_0$은 단사이다.

그러므로 보조정리 3에 의하여 전단사 $h : X \to X_0$이 존재한다. 따라서 두 전단사 $h : X \to X_0$, $g_0^{-1} : X_0 \to Y$의 합성 $g_0^{-1} \circ h : X \to Y$는 전단사이다.

다음 따름정리 4는 칸토어-베른슈타인의 정리로부터 직접 얻는다. ■

따름정리 4

임의의 집합 X, Y에 대하여 $\operatorname{card} X \geq \operatorname{card} Y$이고 $\operatorname{card} X \leq \operatorname{card} Y$이면 $\operatorname{card} X = \operatorname{card} Y$이다.

또한 $\operatorname{card} X > \operatorname{card} Y$와 $\operatorname{card} X < \operatorname{card} Y$가 동시에 성립하지는 않는다.

더 나아가 임의의 집합 X, Y, Z에 대하여

$$\operatorname{card} X \geq \operatorname{card} Y \geq \operatorname{card} Z$$

이고 $\operatorname{card} X = \operatorname{card} Z$이면 $\operatorname{card} X = \operatorname{card} Y$이다.

▌따름정리 5

집합 X, Y, Z에 대하여 $\text{card}\,X > \text{card}\,Y$, $\text{card}\,Y > \text{card}\,Z$이면 $\text{card}\,X > \text{card}\,Z$이다.

증명 집합 $X \nsim Z$이다. 왜냐하면 $X \sim Z$ 라고 가정하면 $\text{card}\,Z = \text{card}\,X > \text{card}\,Y$, 즉 $\text{card}\,Z > \text{card}\,Y$ 인데 이러한 상황은 있을 수 없다. 마지막으로 단사함수 $Z \to X$ 가 존재함을 보이면 된다. 가정 $\text{card}\,X > \text{card}\,Y$에서 $X \nsim Y$이고 단사함수 $f: Y \to X$가 존재한다. 또 가정 $\text{card}\,Y > \text{card}\,Z$에서 $Y \nsim Z$이고 단사함수 $g: Z \to Y$가 존재하므로 f와 g의 합성함수에 의하여 단사함수 $f \circ g: Z \to X$를 구할 수 있으므로 증명은 끝난다. ■

집합 X에 대하여 그 멱집합 $P(X)$와의 기수의 비교에 관하여 칸토어는 다음과 같이 증명하였고 그 결과 주어진 기수보다 훨씬 많은 새로운 기수의 존재성을 설명할 수 있는 길을 마련해 놓았다.

▌정리 6 칸토어의 정리

임의의 집합 X에 대하여 다음이 성립한다.

$$\text{card}\,X < \text{card}\,P(X)$$

증명 먼저, $X = \phi$이면 $\text{card}\,\phi = 0$이나 $\text{card}\,P(\phi) = 1$이므로

$$\text{card}\,\phi < \text{card}\,P(\phi)$$

이다.

$X \neq \phi$이면 모든 $x(\in X)$에 대하여 함수

$$\begin{array}{ccc} g: X & \longrightarrow & P(X) \\ \Cup & & \Cup \\ x & \leadsto & \{x\} \end{array}$$

로 정의하면 함수 g는 단사이다. 그러므로 X는 $P(X)$의 부분집합 $\{\{x\} \mid x \in X\}$와 대등하다. 즉, $\text{card}\,X \leq \text{card}\,P(X)$이다. 그러므로 $\text{card}\,X < \text{card}\,P(X)$를 증

명하기 위하여 $X \nsim P(X)$임을 증명하면 충분하다. 귀류법을 사용하여 전단사 $f: X \to P(X)$가 존재한다고 가정함으로써 모순을 유도한다.

지금 집합 $S = \{x \in X | x \not\in f(x)\}$는 X의 부분집합이므로 $S \in P(X)$이고 전단사 $f: X \to P(X)$에 의하여 적당한 원소 $e \in X$가 존재하여 $f(e) = S$이다. 여기서 두 가지 경우 $e \in S$와 $e \not\in S$이 성립한다.

경우 (1): $e \in S$ 일 때,

집합 S의 정의에 의하여 $e \not\in f(e)$인데 $f(e) = S$이고 $e \in S$ 이므로 $e \in f(e) = S$이다. 이것은 $e \not\in f(e)$에 모순된다.

경우 (2): $e \not\in S$ 일 때,

$f(e) = S$이고 $e \not\in f(e)$이므로 S의 정의에 의하여 $e \in S$ 이므로 $e \in f(e) = S$인데 이것 또한 $e \not\in f(e)$에 모순이다.

따라서 $X \nsim P(X)$이고, $\text{card}\, X < \text{card}\, P(X)$이다. ■

기수의 비교의 정의에 의하여 무한집합의 기수는 유한집합의 기수보다 크다는 것을 알 수 있다.

앞에서 자연수 집합 $\mathbb{N}$과 대등인 집합을 가부번집합이라 했는데 그 기수를 $\aleph_0$(alef zero 혹은 alef null), 즉 $\text{card}\, \mathbb{N} = \aleph_0$로 표시하고, 비가부번집합의 기수는 가부번집합의 기수보다 크다는 것을 쉽게 이해할 수 있다.

그래서 비가부번집합 $\mathbb{R}$의 기수를 $\aleph$(alef) 혹은 c로써 표시하고 연속체 기수라 부른다. 참고로 $\aleph$(알에프)는 히브리(Hebrew)어의 첫 번째 알파벳이다. 그러면 바로 다음을 알 수 있다. 즉 기수의 크기를 비교하면

$$0 < 1 < 2 < 3 < \cdots < \aleph_0 < \aleph$$

임을 쉽게 알 수 있다.

그러면 "$\aleph_0$와 $\aleph$ 사이에 존재하는 기수를 갖는 집합이 존재하느냐"하는 의문이 자연스럽게 생긴다. 이러한 의문에 대하여 칸토어는 부정적인 대답을 하는 예상문제(conjecure)를 내놓았다. 그리고 이 예상문제는 그 후 연속체 가설(continuum hypothesis)로 대치되었다.

[연속체 가설] $\aleph_0 < \text{card}\, X < \aleph$ 인 성질은 갖는 집합 X는 존재하지 않는다.

평행선에 관한 유클리드(Eculid)의 제5공리가 유클리드기하학의 다른 공리들과는 독립되어 있다는 것과 같은 의미에서 연속체 가설도 집합론의 다른 공리

들과 독립되어 있다는 것이 폴코헨(Paul Joseph Cohen, 1934~2007)에 의하여 1963년에 증명되었다. 이 업적으로 폴코헨은 1966년에 필즈메달(Fields Medal)을 수상하게 된다.

그러면 "$\aleph$ 보다 큰 기수를 갖는 집합이 존재하는가?" 또 존재한다면 다시 "더 큰 기수를 갖는 집합이 존재하는가?"의 답은 긍정적이다. 왜냐하면 정리 6 (칸토어 정리)를 이용하면 쉽게 추론할 수 있다. 즉,

$$\text{card}\,\mathbb{R} < \text{card}\,P(\mathbb{R}) < \text{card}\,P(P(\mathbb{R})) < \cdots$$

에서 얼마든지 큰 기수를 갖는 집합이 존재한다.

연습문제 5.2

1. 임의의 유한기수 n에 대하여 $n < \aleph_0$이고, 임의의 초한기수 a에 대하여 $\text{card}\,\mathbb{N} \le a$임을 증명하여라.

2. 집합 X, Y에 대하여 단사함수 $f: X \to Y$가 존재할 때 그리고 그때에만 $\text{card}\,X \le \text{card}\,Y$임을 증명하여라.

3. 최대의 초한기수는 존재하지 않음을 밝혀라.

4. $X \sim Y \Rightarrow \text{card}\,P(X) = \text{card}\,P(Y)$임을 증명하여라.

5. 임의의 가부번집합 X에 대하여 X의 멱집합 $P(X)$는 비가부번집합임을 증명하여라.

5.3 기수의 덧셈, 곱셈

유한집합의 기수, 즉 유한기수의 합은 자연스럽게 도입할 수 있다. 즉, 원의 개수 m, n인 유한집합 X, Y가 $X \cap Y = \phi$일 때 $X \cup Y = \{x, y | x \in X, y \in Y\}$의 원의 개수는 $m+n$과 같다. 즉

$$X\cap Y=\phi \Rightarrow \text{card}(X\cup Y)=\text{card}\,X+\text{card}\,Y=m+n$$

이고, $X\times Y=\{(x,\ y)\,|\,x\in X,\ y\in Y\}$의 원의 개수는 $m\cdot n$과 같다. 즉,

$$\text{card}(X\times Y)=\text{card}\,X\cdot\text{card}\,Y$$

이다. 그러므로 일반적인 기수 α, β에 대하여 기수의 덧셈과 곱셈을 정의하자.

▌정의 2▌

서로소인 두 집합 X, Y의 기수를 α, β라고 할 때 $\text{card}(X\cup Y)$를 α와 β의 기수의 합(cardinal number sum)이라 하고 $\alpha+\beta$로 정의한다.

위의 정의 2의 조건을 만족하는 집합 X, Y는 자연스럽게 존재하고 기수 α, β를 각각 갖는 어떤 X'와 Y'를 취하더라도(단, $X'\cap Y'=\phi$) $\text{card}(X\cup Y)=\text{card}(X'\cup Y')=\alpha+\beta$가 성립하므로 정의 2에 의한 기수의 덧셈은 잘 정의된 개념이다.

예제 3

유한기수 3, 5의 기수의 합 $3+5$를 구하여라.

풀이 $X=\{1,\ 2,\ 3\}$, $Y=\{4,\ 5,\ 6,\ 7,\ 8\}$이라 할 때 $\text{card}\,X=3$, $\text{card}\,Y=5$이고 $X\cap Y=\phi$이므로 $X\cup Y\sim\mathbb{N}_8$이다. 따라서

$$\text{card}(X\cup Y)=\text{card}\,X+\text{card}\,Y=3+5=8$$

이다. ■

▌정리 7

기수의 덧셈연산은 교환법칙과 결합법칙을 만족한다. 즉, 임의의 기수 α, β, γ에 대하여

(1) $\alpha+\beta=\beta+\alpha$

(2) $(\alpha+\beta)+\gamma=\alpha+(\beta+\gamma)$

이다.

증명 (1) 서로소인 집합 X, Y가 $\text{card}\, X=\alpha$, $\text{card}\, Y=\beta$를 만족하도록 존재한다. 그러므로

$$\begin{aligned}\alpha+\beta &= \text{card}\, X+\text{card}\, Y=\text{card}(X\cup Y)\\ &=\text{card}(Y\cup X)\\ &=\text{card}\, Y+\text{card}\, X\\ &=\beta+\alpha\end{aligned}$$

(2) 생략. ■

예제 4

기수의 합 $\aleph_0+\aleph_0$ 및 $c+c$를 구하여라.

풀이 모든 짝수의 집합 $\mathbb{N}_0$와 모든 홀수의 집합 $\mathbb{N}_1$는 각각 $\mathbb{N}$의 가부번부분집합이고 $\mathbb{N}_0\cup\mathbb{N}_1=\mathbb{N}$이고 $\mathbb{N}_0\cap\mathbb{N}_1=\phi$이므로 정의 2에 의하여

$$\begin{aligned}\aleph_0+\aleph_0 &= \text{card}\,\mathbb{N}_0+\text{card}\,\mathbb{N}_1\\ &= \text{card}(\mathbb{N}_0\cup\mathbb{N}_1)\\ &= \text{card}\,\mathbb{N}=\aleph_0\end{aligned}$$

이므로 $\aleph_0+\aleph_0=\aleph_0$이다.

한편 실수의 구간 성질을 이용하여 $c+c=c$임을 쉽게 증명할 수 있다. ■

예제 5

기수의 합 $\aleph_0+c$를 구하여라.

풀이 개구간 $(0,\ 1)$과 실수 집합 $\mathbb{R}$은 대등하므로 $\text{card}(0,\ 1)=\text{card}\,\mathbb{R}=c$이다. 여기서 $S=\mathbb{N}\cup(0,\ 1)$로 놓으면 $\mathbb{N}\cap(0,\ 1)=\phi$이고 $\text{card}\, S=\aleph_0+c$이다. 집합의

성질에 의하여

$$(0,\ 1) \subseteq S \subseteq \mathbb{R}$$

이고 칸토어-베르슈타인 정리(정리 2)에 의하여

$$\text{card}(0,\ 1) \leq \text{card}\, S \leq \text{card}\, \mathbb{R}$$

인데 $c \leq c + \aleph_0 \leq c$이므로 $c + \aleph_0 = c$이다. ■

이제부터는 기수의 곱에 관하여 알아보자. 기수의 곱은 유한기수의 곱을 확장한 형태를 취하여 다음과 같이 정의한다.

❙ 정의 3 ❙

집합 X와 Y의 기수를 각각 α, β라 할 때 $\text{card}(X \times Y)$를 α와 β의 **기수 곱(cardinal number product)**으로 정의하고 $\alpha \cdot \beta$로 표시한다.

정의 3에서 택한 X와 대등인 집합 A, 집합 Y와 대등인 집합 B에 대하여

$$X \times Y \sim A \times B$$

이므로 $\text{card}(X \times Y) = \text{card}(A \times B)$이다. 그러므로 기수의 곱인 정의 3은 잘 정의된 개념이다.

❙ 정리 8

임의의 기수 α, β, γ에 대하여 다음이 성립한다.

(1) $\alpha\beta = \beta\alpha$(교환법칙)

(2) $(\alpha\beta)\gamma = \alpha(\beta\gamma)$(결합법칙)

(3) $\alpha(\beta + \gamma) = \alpha\beta + \alpha\gamma$ (분배법칙)

증명 생략. ■

예제 6

임의의 기수 α에 대하여 다음을 계산하여라.

(1) $1 \cdot \alpha$

(2) $0 \cdot \alpha$

(3) $\aleph_0 \cdot \aleph_0$

증명 (1) 기수가 α인 집합 A를 생각하자. 데카르트 곱 $\{1\} \times A \sim A$이므로 $\text{card}(\{1\} \times A) = \text{card}\, A$이므로 $1 \cdot \alpha = \alpha$이다.

(2) $\phi \times A = \phi$이므로 $\text{card}(\phi \times A) = \text{card}\, \phi$이다. 따라서 $0 \cdot \alpha = 0$이다.

(3) $\mathbb{N} \times \mathbb{N} \sim \mathbb{N}$이므로 $\text{card}(\mathbb{N} \times \mathbb{N}) = \text{card}\, \mathbb{N}$이다. 따라서 $\aleph_0 \cdot \aleph_0 = \aleph_0$이다. ■

예제 7

연속체 기수 c에 대하여 $c \cdot c = c$, 즉 $\aleph \cdot \aleph = \aleph$임을 증명하여라.

풀이 실수 집합 $\mathbb{R}$에서 $\mathbb{R} \sim (0,\ 1)$이고 $\text{card}\, \mathbb{R} = c = \text{card}(0,\ 1)$이다. 먼저 $c \cdot c \leq c$임을 확인하려면 데카르트 곱 $(0,\ 1) \times (0,\ 1)$로부터 구간 $(0,\ 1)$로의 단사가 존재한다는 것을 보이면 된다. 그러기 위하여 각 $x \in (0,\ 1)$을 무한소수로 나타내기로 한다. 즉, $\frac{1}{2}$은 0.5가 아니라 $0.4999\cdots$로 나타난다. 이와 같이 구간 $(0,\ 1)$에 속하는 각 수를 유일하게 나타냄으로써 함수 $f : (0,\ 1) \times (0,\ 1) \to (0,\ 1)$을

$$f(0.x_1x_2x_3,\ \cdots,\ 0.y_1y_2y_3\cdots) = 0.x_1y_1x_2y_2x_3y_3\cdots$$

으로 정의하면 함수 f는 단사함수이다. 그러므로 $c \cdot c \leq c$이다. 한편 $c \leq c \cdot c$이므로 $c \cdot c = c$이다. ■

(☆) 칸토어는 1877년에 $\mathbb{R} \times \mathbb{R} \sim \mathbb{R}$임을 증명하였고 $\mathbb{R} \times \mathbb{R} \times \mathbb{R} \sim \mathbb{R}$임을 증명하였다. 따라서 평면과 3차원 공간 $\mathbb{R}^3$는 실수공간 $\mathbb{R}$과 대등하다는 결과가 된다.

연습문제 5.3

1. 정리 7의 (2)를 증명하여라.

2. 정리 8을 증명하여라.

3. 임의의 기수 α, β, γ 에 대하여

   (1) $\alpha \le \beta$이면 $\alpha + \gamma \le \beta + \gamma$임을 증명하여라.

   (2) 위의 (1)에서 $\alpha + \gamma < \beta + \gamma$ 은 참(true)이 아니다. 반례를 들어라.

4. 임의의 기수 α, β, γ 에 대하여 $\alpha \le \beta$이면 $\alpha\gamma \le \beta\gamma$ 임을 증명하여라.

5. 임의의 기수 α, β, γ 에 대하여 $\alpha \le \beta$이면 $\alpha\gamma < \beta\gamma$는 참(true)이 아니다. 반례를 들어라.

6. 임의의 자연수 n에 대하여 $\text{card}(\mathbb{Q}^n) = \aleph_0$임을 증명하여라.

7. 임의의 자연수 n에 대하여 $\text{card}(\mathbb{R}^n) = c = \aleph$ 임을 증명하여라.

8. 임의의 기수 α에 대하여 $\alpha + 0 = \alpha$임을 증명하여라.

9. n을 임의의 유한기수라 할 때

   (1) $n + \aleph_0 = \aleph_0$

   (2) $n + c = c$

   임을 증명하여라.

5.4 기수의 거듭제곱(power)

기수를 α, β로 갖는 각각의 집합 X, Y에 대하여 β의 α 거듭제곱(혹은 멱), 즉 β^{α}(α-th power of β, 혹은 β의 α 거듭제곱)을 집합 X에서 Y로의 함수개념을 이용하여 정의하면 기존의 자연수의 거듭제곱과 일치되게 도입할 수 있다. 이 기수의 거듭제곱 개념을 유한기수 및 초한기수에도 자연스럽게 확장된다.

▎정의 4▐

α, β를 기수라 하자. $\text{card}\, X = \alpha$, $\text{card}\, Y = \beta$이고 $\alpha \neq 0$이라 할 때 $\beta^{\alpha} = \text{card}\, Y^X$로 정의한다. (여기서 $Y^X = \{f \mid f : X \to Y$; 함수$\}$로 정의한다.)

정의 4에서 기수가 각각 α, β인 집합 X, Y와 각각 대등인 모든 집합 A, B를 택하여 기수의 거듭제곱을 정의하여도 된다. 즉, 다음 정리에 의하여 정의 4의 정당성이 입증된다.

▎정리 9

집합 A, B, X, Y를 $A \sim X$, $B \sim Y$인 집합이라 하자. 그러면 $Y^X \sim B^A$이다.

증명 가정에 의하여 전단사함수 $g : A \sim X$, $h : B \sim Y$가 존재한다. 모든 $f \in B^A$에 대하여 Y^X의 원소를 대응시키는 함수 ϕ가 존재한다. 즉,

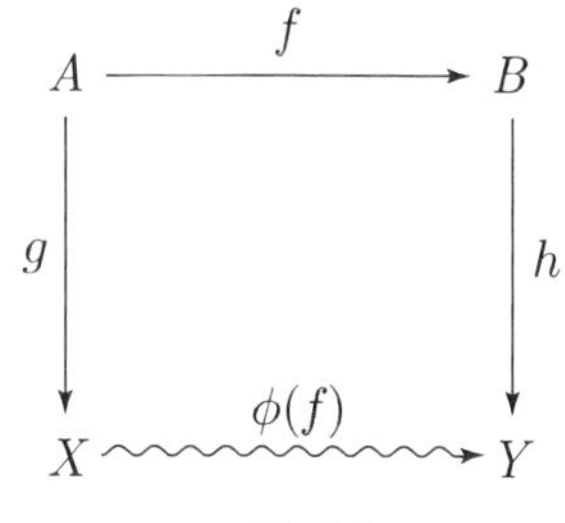

그림 5.2

$\phi(f)(x) = h \circ f \circ g^{-1}(x)$이라 할 때(그림 5.2 참조)

$$\begin{array}{cccl} \phi: B^A & \longrightarrow & Y^X \\ \Cup & & \Cup \\ f & \leadsto & \phi(f) = h \circ f \circ g^{-1} \end{array}$$

이고 ϕ의 전단사 성질을 증명하자.

먼저 임의의 $f \neq f'(\in B^A)$에 대하여 $\phi(f) = h \circ f \circ g^{-1}$이고 $\phi(f') = h \circ f' \circ g^{-1}$이므로 ϕ는 단사함수이다. 한편 임의의 원소 $g' \in Y^X$에 대하여 $h^{-1} \circ g' \circ g \in B^A$가 존재하여 $\phi(h^{-1} \circ g' \circ g) = h \circ (h^{-1} \circ g' \circ g) \circ g^{-1} = (h \circ h^{-1}) \circ g' \circ (g \circ g^{-1}) = 1_Y \circ g' \circ 1_X = g'$이므로 ϕ는 전사함수이다. 그러므로 ϕ는 전단사함수이고 $Y^X \sim B^A$이다. ■

| 정리 10

집합 X에 대하여 $\text{card}\, P(X) = 2^{\text{card}\, X}$임을 증명하여라.

증명 $Y = \{0, 1\}$이라 하고 X의 각 부분집합 D에 대한 특성함수 $\chi_D : X \to Y$를 생각하자. $P(X)$에서 D를 χ_D로 보내는 Y^X로의 함수, 즉 $\chi : P(X) \to Y^X$가 전단사임을 증명하면 집합 $P(X)$와 Y^X는 같은 기수를 갖는다는 것이 증명된다. $D \subset X$일 때 X에서 Y로의 사상인 D의 특성함수는

$$\chi_D(x) = \begin{cases} 1, & x \in D \\ 0, & x \notin D \end{cases}$$

이고 χ는 $P(X)$의 원소 D에 대하여 그 특성함수 χ_D를 대응시키는 하나의 함수라 생각할 수 있다. 먼저 $P(X)$의 원소 C, D가 $C \neq D$이면 D에는 속하고 C에는 속하지 않는 (혹은 C에는 속하고 D에는 속하지 않는) X의 원소 x가 있다. 일반성을 잃지 않고 첫 번째 경우를 생각하자. 이 x에 대하여 $\chi_D(x) = 1$이고 $\chi_C(x) = 0$이다. 따라서 $D \neq C$이면 $\chi_D \neq \chi_C$이다. 따라서 χ는 단사함수이다. 다음으로 Y^X의 임의의 원소를 f라 할 때 $\{x \mid f(x) = 1\}$을 $D(\in P(X))$라고 할 때 $x \in D$이면 $f(x) = 1$, $x \notin D$이면 $f(x) = 0$이므로 $\chi_D = f$이다. 따라서 Y^X의 원소는 모두 $P(X)$의 원소의 χ에 의한 상이다. 따라서 χ는 전단사

이다. 그래서 $P(X) \sim Y^X$이고 $\text{card}\, P(X) = \text{card}\, Y^X = 2^{\text{card}\, X}$이다. ■

▌정리 11

> 기수 α, β에 대하여 $\alpha+\beta$, $\alpha \cdot \beta$, β^α는 어느 것이나 α 또는 β가 증가할 때 작아지지 않는다(기수에 관한 연산의 단조성).

증명 어느 경우나 같은 방법으로 증명되므로 β^α에 대하여 증명한다. 여기서 증명할 것은

(1) $\alpha < \alpha_1 \Rightarrow \beta^\alpha \leq \beta^{\alpha_1}$

(2) $\beta < \beta_1 \Rightarrow \beta^\alpha \leq \beta_1^\alpha$

두 가지이다. (1)의 경우를 증명하자. 기수가 α_1인 집합을 A_1이라 하고 그 부분집합으로서 기수가 α인 것을 A라 한다. 그리고 기수가 β인 집합을 B라 한다. 임의의 함수 $g \in B^A$에 대하여 B^{A_1}의 원소 g_1이 존재하여 $g_1|_A = g$가 성립하도록 하며 $A_1 - A$의 원소는 모두 B의 일정한 한 원소에 대응시키는 함수 g_1을 찾을 수 있다. 이와 같이 정의한 함수

$$\begin{array}{cccc} G: & B^A & \longrightarrow & B^{A_1} \\ & \Cup & & \Cup \\ & g & \longmapsto & G(g) = g_1 \end{array}$$

는 단사함수이며 $\text{card}\, B^A = \beta^\alpha$이고 $\text{card}\, B^{A_1} = \beta^{\alpha_1}$이므로 $\beta^\alpha \leq \beta^{\alpha_1}$이다.

(2)의 경우를 증명하기 위하여 기수가 α인 집합을 A, 기수가 β_1인 집합을 B_1, 기수가 β와 같은 $B(\subseteq B_1)$을 택한다. 여기서 $B^A \subseteq B_1^A$이므로 포함사상 $i: B^A \hookrightarrow B_1^A$은 단사함수이므로 (2)가 성립한다. ■

정리 11의 성질을 기수에 관한 연산의 단조성이라 한다.

자세히 검토해 보면 $1 < \aleph_0 < c$와 $1 \cdot \aleph_0 = \aleph_0$와 정리 11에 의하여

$$c = 1 \cdot c \leq \aleph_0 \cdot c \leq c \cdot c$$

를 얻는데 예제 7에 의하여 $c \cdot c = c$이므로 $\aleph_0 \cdot c = c$임을 알 수 있다.

정리 12

기수 α, β, γ에 대하여 다음이 성립한다.

(1) $\alpha^\beta \cdot \alpha^\gamma = \alpha^{\beta+\gamma}$

(2) $(\alpha\beta)^\gamma = \alpha^\gamma \cdot \beta^\gamma$

(3) $(\alpha^\beta)^\gamma = \alpha^{\beta\cdot\gamma}$

(4) $\alpha^1 = \alpha$, $1^\alpha = 1$

증명 기수가 각각 α, β, γ와 같은 집합을 각각 A, B, C라 하고 $B\cap C=\phi$라 하자.

(1)의 증명: $B\cup C=D$라 하자. $\phi\in A^D$에 대하여 $\phi|_B\in A^B$이고 $\phi|_C\in A^C$가 성립하고 임의의 $f\in A^B$와 $g\in A^C$에 대하여 $B\cap C=\phi$(공집합)이므로 함수 $\phi\in A^D$를 함수 f와 g를 D로의 확대함수로서 택할 수 있다. 즉 함수

$$\begin{array}{cccc} G: & A^B\times A^C & \longrightarrow & A^D \\ & \Cup & & \Cup \\ & (f,\ g) & \leadsto & \phi=f\cup g \end{array}$$

는 전단사함수이므로 $\mathrm{card}(A^B\times A^C)=\mathrm{card}(A^B)\cdot\mathrm{card}(A^C)=\mathrm{card}(A^D)=\alpha^\beta\cdot\alpha^\gamma=\alpha^{\beta+\gamma}$이다.

(2)의 증명: $f\in(A\times B)^C$라 하자.

여기서 새로운 함수

$$\begin{array}{cccc} \varphi: & (A\times B)^C & \longrightarrow & A^C\times B^C \\ & \Cup & & \Cup \\ & f & \leadsto & \varphi(f)=(P_A\circ f,\ P_B\circ f) \end{array}$$

를 도입한다(여기서 $P_A: A\times B\to A$인 사영함수, $P_B: A\times B\to B$인 사영함수이다). 그때 φ는 전단사함수가 되므로 $(\alpha\cdot\beta)^\gamma=\alpha^\gamma\cdot\beta^\gamma$이다.

(3)의 증명: $\mathrm{card}(A^{B\times C})=\mathrm{card}(A^B)^C$를 보이자. 즉 $A^{B\times C}\sim(A^B)^C$를 보이자. 여기서 $A^{B\times C}=\{f|f: B\times C\to A\}$, $(A^B)^C=\{g|g: C\to A^B\}$이고 $f(\in A^{B\times C})$에 대하여 $f(y,z)\in A$이다. (여기서 $y\in B$, $z\in C$이다.) 이제 $f(y,z)$에서 z를 z_0로 고정시키면 $f(y,z_0)\in A$이다. 이제 $f(y,z_0)=f_{z_0}(y)$라 놓자. 그러면 함수 $f_{z_0}: B\to A$를 얻게 되고, $z_0\in C$가 주어질 때마다 $f_{z_0}(y)\in A^B$가 정해진다. 이제 $z_0(\in C)$를 임의의 원소 $z\in C$로 교체하자. 그

러면 함수 $f_z : B \to A$를 얻는다. 즉 $f_z \in A^B$이다. 그러므로 함수 $g : C \to A^B$, $g(z) = f_z$를 얻는다. 즉, $g \in (A^B)^C$이다. 결과적으로 임의로 주어진 $f \in A^{B\times C}$에 대하여 $\begin{array}{ccc} A^{B\times C} & \longrightarrow & (A^B)^C \\ \Cup & & \Cup \\ f & \rightsquigarrow & g \end{array}$ 을 만족하는 $g \in (A^B)^C$가 존재한다. … ⓐ

역으로, $(A^B)^C$의 임의의 원소 $g : C \to A^B$를 취하면 각 원소 $z \in C$에 대하여 $g(z) \in A^B$이다. 즉, $\begin{array}{cccc} g(z) := f_z : & B & \longrightarrow & A \\ & \Cup & & \Cup \\ & y & \rightsquigarrow & f_z(y) := f(y, z) \end{array}$ 을 얻는다. 그러면

함수 $\begin{array}{ccc} f : B\times C & \longrightarrow & A \\ \Cup & & \Cup \\ (y, z) & \rightsquigarrow & f(y, z) \end{array}$ 이 존재하여 $f \in A^{B\times C}$이다. … ⓑ

ⓐ, ⓑ에 의하여 $A^{B\times C} \sim (A^B)^C$이므로 증명을 끝낸다.

(4)의 증명: $B = \{b\}$라 하면, $\{f \mid f : \{b\} \to A\} \sim A$임은 쉽게 알 수 있어서 $\alpha^1 = \alpha$임은 증명되었고, 집합 $\{f \mid f : A \to \{b\}\}$는 $f(A) = b$인 상수함수 하나만 있는 집합이므로 $1^\alpha = 1$이 성립한다. ■

예제 8

다음을 보여라.

(1) $2^{\aleph_0} = c$

(2) $c^c = 2^c$

(3) $\aleph_0^{\aleph_0} = c$

풀이 (1) 두 단계를 나누어 증명한다. 첫째, $c \le 2^{\aleph_0}$를 보이자.

함수

$$\begin{array}{ccc} f : \mathbb{R} & \longrightarrow & P(\mathbb{Q}) \\ \Cup & & \Cup \\ a & \rightsquigarrow & f(a) = \{x \in \mathbb{Q} \mid x < a\} \end{array}$$

를 놓으면 f는 단사함수이다. 왜냐하면 두 개의 상이한 실수 $a < b$에 대하여 $a < r < b$과 같은 유리수 r이 존재하므로 $f(a) \ne f(b)$이다. 따라서 $c \le 2^{\aleph_0}$이다.

둘째, $2^{\aleph_0} \le c$임을 증명하기 위하여 함수

$$
\begin{array}{cccl}
\phi: \{0,\ 1\}^{\mathbb{N}} & \longrightarrow & \mathbb{R} & \\
\Cup & & \Cup & \\
f & \leadsto & \phi(f) = 0.f(1)f(2)f(3)\cdots &
\end{array}
$$

를 택하면 $\phi(f) \in (0,\ 1) \subseteq \mathbb{R}$이다. 만약 $f,\ g \in \{0,\ 1\}^{\mathbb{N}}$이고 $f \neq g$이면 $\phi(f) \neq \phi(g)$이므로 $\phi: \{0,\ 1\}^{\mathbb{N}} \to \mathbb{R}$는 단사이고 따라서 $2^{\aleph_0} \leq c$이므로 첫째와 둘째의 증명에 의하여 $2^{\aleph_0} = c$임은 증명되었다.

(2) (1)에서 $2^{\aleph_0} = c$이므로 지수법칙에 의하여

$$c^c = 2^{\aleph_0 \cdot c} = 2^c$$

를 얻는다.

(3) $2 < \aleph_0$에 대하여 $2^{\aleph_0} \leq \aleph_0^{\aleph_0}$(단조성)이고 $2^{\aleph_0} = c$이므로 $c \leq \aleph_0^{\aleph_0} \cdots$ ⓐ 이고 $\aleph_0 \cdot \aleph_0 = \aleph_0$이므로

$$c = 2^{\aleph_0} = 2^{\aleph_0 \cdot \aleph_0} = (2^{\aleph_0})^{\aleph_0} = c^{\aleph_0} \geq \aleph_0^{\aleph_0} \qquad \cdots ⓑ$$

를 얻는데 식 ⓐ와 ⓑ에 의하여 $\aleph_0^{\aleph_0} = c$임이 증명된다. ■

여기서 연속체 기수 c보다 더 큰 기수, 즉 card $P(\mathbb{R}) := f = 2^c$라 놓는다.

❙ 따름정리 13

앞에서 소개된 기수를 부등호에 의하여 비교해 보면 다음과 같다.

$$1 < 2 < 3 < \cdots < \aleph_0 < c < f < 2^f$$

증명 여기서는 $\aleph_0 < c$만을 증명한다. 즉,

$$\aleph_0 < \text{card}\, P(\mathbb{N}) = 2^{\text{card}\mathbb{N}} = 2^{\aleph_0} = c$$

이다. 나머지 증명은 정리 6과 예제 8을 이용하면 쉽게 알 수 있다. ■

(*) 연속체 가설과 일반화

연속체 가설은 “두 초한기수 $\aleph_0$과 $c(=2^{\aleph_0})$에 대하여 $\aleph_0 < x < c$를 만족하는 기수 x는 존재하지 않는다”라고 알고 있는데 여기서 그 연속체 가설을 일반화하여 소위 **일반연속체 가설**(generalized continuum hypothesis)를 소개한다. 즉,

> 일반연속체 가설: 임의의 초한기수 a에 대하여 $a < x < 2^a$를 만족시키는 기수 x는 존재하지 않는다.

이러한 의문에 대한 답을 찾을 수 없었으나 1890년 독일의 수학자 데이비드 힐베르트(David Hilbert; 1862～1943)는 파리에서 개최되었던 세계수학자대회에서 23개의 중요한 미해결문제의 목록을 제기하였는데 그중 첫 번째 것이 연속체 문제였다. 그러나 논리학자인 괴델(Kurt Gödel; 1906～1978)이 1938년에 다음과 같은 결론을 내렸다. 현행 집합론의 공리계에 일반연속체 가설을 덧붙임으로써 유도된 임의의 모순은(일반연속체 가설에 없는) 처음 공리계만으로 유도된 임의의 모순으로 형식화할 수 있다. 다시 말하면 일반연속체 가설은 집합론의 공리계들과 상대적으로 모순되지 않는다. 결국 1963년 스탠퍼드대학교(Stanford University)의 수학자 코헨(Paul J. Cohen; 1934～2007)은 “현행 집합론 공리계의 기초 위에서는 일반연속체 가설의 증명이 불가능하다”고 주장하였다. 그러므로 일반연속체 가설은 마치 유클리드 기하학에서의 평행선 공리와 유사하다. 일반연속체 가설은 그것을 부정하든지, 그렇지 않든지 간에 상관없이 수학의 이론상 하등의 모순이 야기되지 않는다.

연습문제 5.4

1. 기수 $a(\neq 0)$에 대하여 $0^a = 0$임을 증명하여라.

2. 복소수 집합 $\mathbb{C} = \{(x, y) | x, y \in \mathbb{R}\}$, $(x, y) = x + yi$에 대하여 $\operatorname{card} \mathbb{C} = \aleph$임을 증명하여라.

3. 임의의 유한기수 $n \geq 2$에 대하여 $n^{\aleph_0} = c = \aleph_0^{\aleph_0}$임을 증명하여라.

제6장 서수 및 그의 연산

- 6.1 순서집합
- 6.2 정렬집합
- 6.3 서수의 개념
- 6.4 서수의 비교
- 6.5 순서수의 덧셈과 곱셈
- 6.6 초한귀납법

부르바키(Bourbaki)의 수학의 구조 설명에서도 부각되지만 집합에서 원소의 서열화를 통한 순서구조를 도입하기 위한 순서관계, 순서집합 등은 수학적사고의 형성에 매우 중요하므로 이 장에서 소개한다. 더 나아가 서수 개념을 도입하고 서수의 합, 곱을 정의하여 서수의 연산을 소개한다. 이를 바탕으로 초한귀납법을 소개한다.

6.1 순서집합

수학의 기본구조에서 순서구조가 매우 중요한 역할을 한다. 즉, 실수의 대소관계 및 집합의 포함관계 등을 순서관계의 대표적인 형태로 인식할 수 있다.

먼저 집합 X에 대하여 멱집합족 $P(X)$에서 포함관계(즉, A, $B \in P(X)$, $A \subseteq B$)에 관하여 순서관계적 측면을 살펴본다.

(1) 임의의 $A \in P(X) \Rightarrow A \subseteq A$

(2) ㅋ $A,\ B \in P(X),\ A \subseteq B,\ B \subseteq A \Rightarrow A = B$

(3) ㅋ $A,\ B,\ C \in P(X),\ A \subseteq B,\ B \subseteq C \Rightarrow A \subseteq C$

인데 집합의 성질에서 이미 잘 알고 있는 사실이다. 이 성질 (1), (2), (3)을 일반화하여 다음 정의를 만든다.

❚ 정의 1 ❚

관계집합 $(X\,;R)$에 대하여

(1) ㅋ $^{\forall}x \in X,\ {}_xR_x$(반사관계; reflexive relation)

(2) ㅋ $^{\forall}\,{}_xR_y,\ {}_yR_x \Rightarrow x = y$(반대칭관계; anti-symmetric relation)

(3) ㅋ ${}_xR_y,\ {}_yR_z \Rightarrow {}_xR_z$(추이관계; transitive relation)

을 만족하는 관계집합 $(X\,;R)$을 **반순서(관계)집합**이라 하고 그 관계 R을 **반순서관계(partial order relation)**이라고 한다.

그리고 반순서집합 X의 원소들 사이의 반순서관계 ${}_xR_y$를

$$x \leq y$$

로 표시한다. 특히, $x < y$로 표시할 때는 "$x(y)$는 $y(x)$의 앞(뒤)에 있다." 또는 "$x(y)$는 $y(x)$보다 작다(크다)"라고 말한다. 반순서집합 X에 정해진 반순서를 정확히 지적할 필요가 있을 때는 집합 X와 반순서 R(또는 $\leq$)를 함께 표시하며 $(X\,;R)$ 혹은 $(X\,;\leq)$으로 표현하기도 한다.

예제 1

정수 집합 $\mathbb{Z}$에서 정수 사이의 대소관계 $\leq$(자연적 순서라고도 함)를 관계로 정하면 $(\mathbb{Z}\,;\leq)$는 반순서집합이 되고 $(\mathbb{Q}\,;\leq)$ 혹은 $(\mathbb{R}\,;\leq)$도 마찬가지로 반순서집합이다.

예제 2

평면 위의 점집합 $\mathbb{R}\times\mathbb{R}$에서 두 점 $P_1=(x_1,\ y_1)$과 $P_2=(x_2,\ y_2)$ 사이에 관계 $\leq$를 $x_1 \leq x_2$ 그리고 $y_1 \leq y_2$일 때 $P_1 \leq P_2$라고 정의하면 $(\mathbb{R}\times\mathbb{R}\,;\leq)$는 반순서집합이 된다.

| 정의 2 |

반순서집합 $(X\,;R)$에서 X의 원소 x와 y가 ${}_xR_y$이거나 ${}_yR_x$이면 x와 y는 비교가능(comparable)이라고 하고 그렇지 않은 경우는 비교불가능(non-comparable)이라고 한다.

예제 3

임의의 집합 $X(\neq \phi)$에 대하여 $(P(X)\,;\subseteq)$은 반순서관계집합이지만 모든 원소가 비교가능한 것은 아니다.

한 예로 $X=\{a,\ b,\ c\}$일 때 $P(X)=\{\phi,\ \{a\},\ \{b\},\ \{c\},\ \{a,\ b\},\ \{a,\ c\},\ \{b,\ c\},\ X\}$에 대하여 $P(X)$의 원소들 사이의 포함관계 "$\subseteq$"를 하세(Helmut Hasse) 도표로 표현하면 다음과 같다(하세 도표에 관한 자세한 내용은 부록을 참조).

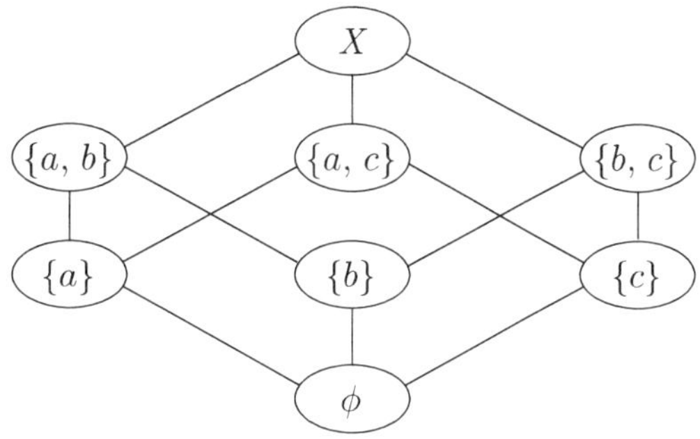

그림 6.1

여기서 $\{\phi, \{c\}, \{b, c\}, X\}$, $\{\phi, \{b\}, \{b, c\}, X\}$, $\{\phi, \{b\}, \{a, b\}, X\}$, $\{\phi, \{a\}, \{a, c\}, X\}$, $\{\phi, \{c\}, \{a, c\}, X\}$ 등은 모두 $P(X)$ 안에서 쇄(chain) [2]이다. 참고로 반순서집합의 전순서 부분집합을 쇄(chain)라 한다.

예제 4

$\mathbb{R}^2$에서 다음과 같이 순서를 정의하자. (a_1, b_1), $(a_2, b_2) \in \mathbb{R}^2$에 대하여 순서 $\leq$를 $(a_1, b_1) \leq (a_2, b_2) \Leftrightarrow a_1 < a_2$ 또는 $a_1 = a_2$이면 $b_1 \leq b_2$와 같이 정의하여 소위 사전식순서(lexicographic order)라고 부른다. 이 순서에 의하여 $(\mathbb{R}^2 ; \leq)$은 매우 좋은 반순서관계집합이 된다.

풀이 ① ㅋ $\forall (a_1, b_1) \in \mathbb{R}^2$, $(a_1, b_1) \leq (a_1, b_1)$이고 ② $(a_1, b_1) \leq (a_2, b_2)$이고 $(a_2, b_2) \leq (a_1, b_1)$이면 사전식 순서의 정의와 기본 가정에 의하여 $a_1 = a_2$이고, $b_1 = b_2$가 될 수밖에 없으므로 $(a_1, b_1) = (a_2, b_2)$이다. ③ $(a_1, b_1) \leq (a_2, b_2)$이고 $(a_2, b_2) \leq (a_3, b_3)$라고 가정하고 다음과 같은 다양한 경우를 살펴본다.

ⓐ $a_1 < a_2$이고 $a_2 < a_3$이면 $a_1 < a_3$가 되어서 $(a_1, b_1) \leq (a_3, b_3)$이다.

ⓑ $a_1 = a_2$이라면 $b_1 \leq b_2$일 것이고, 여기서

ⓑ-1 $a_2 = a_3$인 경우에 $b_2 \leq b_3$이 된다. 그러므로 $b_1 \leq b_3$가 되어서 $(a_1, b_1) \leq (a_3, b_3)$이다.

ⓑ-2 $a_2 < a_3$인 경우에는 $a_1 < a_3$가 되어서 $(a_1, b_1) \leq (a_3, b_3)$이다.

ⓒ $a_1 < a_2$이면서 ⓑ-1과 ⓑ-2의 형태와 연관된 경우도 같은 방법으로 증명된다. ■

▌정의 3▐

반순서집합 $(X;R)$에서 X의 임의의 두 원소가 비교가능하면 그 $(X;R)$를 전순서집합(totally ordered set)이라고 한다. 또는 선형순서집합(linearly ordered set)이라고 한다.

예제 5

예제 4의 $(\mathbb{R}^2;\leq)$(사전식 순서집합)은 전순서집합이다. 또한, $(\mathbb{R};\leq)$(자연순서구조)도 전순서집합이다.

▌정의 4▐

반순서집합 $(X;\leq)$에서 $a(\in X)$에 대하여 $S_a=\{x\in X \mid x<a\}$를 a의 앞절편(initial segment)이라 한다. S_a가 X의 진부분집합이기에 그것을 진절편(proper segment)이라 부른다. $S_a\neq X$이므로 S_a를 진절편이라 부르겠다.

즉, S_a는 $(X;\leq)$에서 a보다 완전히 앞에 있는 원소들의 모임이다. 이 개념은 6장에서 중요하게 사용된다. 여기서 $S_a\neq X$임을 쉽게 알 수 있다. 경우에 따라서 S_a를 X_a로도 표시한다.

▌정의 5▐

반순서집합 $(X;\leq)$, $(Y;\leq')$에 대하여 함수 $f: X\to Y$가 $x\leq x'(\in X)$를 만족하는 임의의 x, x'에 대하여

$$x\leq x' \Rightarrow f(x)\leq' f(x')$$

일 때 그 함수 f를 순서보존(order preserving)함수라고 한다.

더 나아가 반순서집합 $(X;\leq)$, $(Y;\leq')$에 대하여 전단사함수 $f: X\to Y$가 존재하여 임의의 원소 x, x'에 대하여

$$x \leq x' \Leftrightarrow f(x) \leq' f(x')$$

이면 그 함수 f를 **순서동형함수(order isomorphism)**라 하고 반순서집합 X와 Y 사이에 순서동형함수가 존재하면 집합 X와 Y를 **순서동형(order isomorphic)**이라 하고 $X \simeq Y$로 표시한다.

또한 전단사함수 $f: X \to Y$가 존재하여 임의의 x, x'에 대하여

$$x \leq x' \Leftrightarrow f(x) \,{}' \geq f(x')$$

이면 f는 반순서집합 X, Y에서 **쌍대순서동형함수(dual order isomorphism)**이라 한다.

예제 6

그림 6.2와 같이 순서가 정해진 반순서집합 $A = \{a_1, a_2, a_3, a_4\}$와 $B = \{b_1, b_2, b_3, b_4\}$에서 사상 $f: A \to B$를 $f(a_i) = b_i$ $(i \in \{1, 2, 3, 4\})$로 정의하면 f는 순서보존함수이고 f는 전단사함수이다. 그러나 역사상 $f^{-1}: B \to A$는 $f^{-1}(b_i) = a_i (i \in \{1, 2, 3, 4\})$인데 $b_3 \leq b_4$이나

$$f^{-1}(b_3) = a_3 \not\leq a_4 = f^{-1}(b_4)$$

이므로 f^{-1}는 순서가 보존되지 않는다. 그러므로 f는 순서동형함수는 아니다.

(단, 여기서 A와 B에서 순서는 두 원소 x, y에 대하여 $x \leq y \Leftrightarrow x = y$ 또는 x에서 y로 가는 길(선)이 있다(추이관계 포함)로 정의한다.)

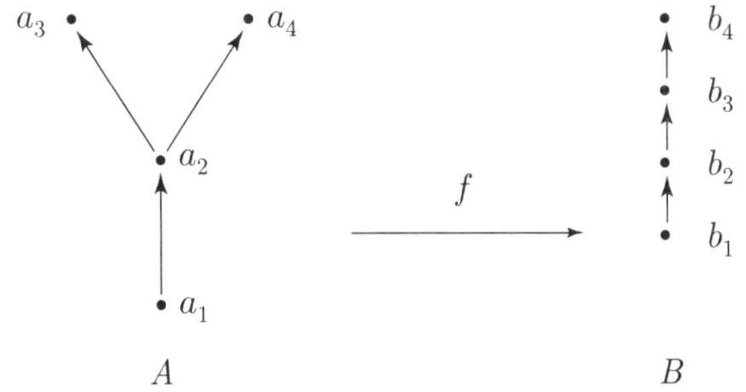

그림 6.2

풀이 일반적으로 $g:(B, \leq) \to (A, \leq)$인 순서동형함수는 존재하지 않는다. 귀류법을 사용하여 순서동형함수 g가 존재한다고 가정하자. g가 전단사함수이기에, $a_3 \neq a_4$에 대하여 $b_i(\neq)$, $b_j \in B$이 존재하여 $g(b_i) = a_3$, $g(b_j) = a_4$이 성립한다.
이때 (case 1) $b_i > b_j$라고 가정하면 $g(b_i) \not> g(b_j)$이기에 모순이고
(case 2) $b_i < b_j$라고 가정하면 $g(b_i) \not< g(b_j)$이기에 모순이다. ■

예제 7

자연순서를 갖는 두 집합 $\mathbb{N}$과 $\mathbb{N}_0$ 사이에 대응 $n \to 2n$에 의하여 함수 $f : \mathbb{N} \to \mathbb{N}_0$를 정의하면 f는 순서동형함수가 된다. 따라서 $\mathbb{N} \simeq \mathbb{N}_0$이다.

예제 8

음의 정수의 집합 $\mathbb{N}_- = \{-n | n \in \mathbb{N}\}$과 $\mathbb{N}$은 같은 기수를 갖지만 자연순서를 갖는 순서집합으로 $\mathbb{N}_-$와 $\mathbb{N}$을 비교해보면 순서동형은 되지 않는다. 왜냐하면 순서동형사상 $f : \mathbb{N} \to \mathbb{N}_-$이 존재한다고 가정하면 $f(1)-1 \in \mathbb{N}_-$에 대응되는 $\mathbb{N}$의 원소 a는 $f(a) = f(1)-1 < f(1)$, 즉 $f(a) < f(1)$을 만족하게 되는데, f^{-1}도 순서동형사상이 되기 때문에 $f(a) < f(1)$의 양변을 f^{-1}로 사상하면 $a < 1$이 되어 1이 $\mathbb{N}$의 최소수임에 모순이 되기 때문이다.

정리 1

주어진 전순서집합족에서 순서동형관계는 동치관계이다.

증명 임의의 주어진 전순서집합 A에 대하여 $A \simeq A$이고, $A \simeq B$이면 $B \simeq A$도 쉽게 증명되므로 추이성에 관하여 구체적으로 증명한다.

$(A ; \leq)$, $(B ; \leq)$, 그리고 $(C ; \leq')$를 각각 전순서집합이라 하고, $A \simeq B$, $B \simeq C$라 하자. 그때 순서동형사상 $f : A \to B$와 $g : B \to C$가 존재하여 ㅋ $^\forall a_1 \leq a_2 \Rightarrow f(a_1) \leq f(a_2)$이고 ㅋ $^\forall b_1 \leq b_2 \Rightarrow g(b_1) \leq' g(b_2)$이 성립하므로 f와 g의 합성함수 $g \circ f : A \to C$도 전단사함수이고 임의의 $a_1 \leq a_2$에 대하여 $g \circ f(a_1) = g(f(a_1) \leq' g(f(a_2)) = g \circ f(a_2)$가 되어 $g \circ f$도 순서동형사상이 되어 $A \simeq C$이다. ■

이제 반순서집합 $(X;R)$의 몇 개의 특수한 원소는 순서집합 $(X;R)$의 내부 구조를 이해하는 데 매우 도움이 되므로 몇 가지 정의를 소개한다.

▌정의 6▐

$(A;\le)$를 반순서집합이라 하자.

(1) $a\in A$에 대하여 a를 제외한 임의의 $x\in A$에 대해서 $a\le x$이 성립하지 않는 경우 그 a를 A의 극대원(maximal element)이라 하고 기호로 표시하면 다음과 같다.

$$\nexists\ ^{\forall}x\in A,\ x\ge a\text{일 때}(a\in A)$$

$x=a$이면, 그리고 그때에만 성립하면 a를 A의 극대원이라 한다.

즉, a가 $(A;\le)$의 극대원이다 $\Leftrightarrow$ $^{\forall}x\in A,\ a\le x$이면 $x=a$이다.

(2) $b\in A$에 대하여 b를 제외한 임의의 $x\in A$에 대해서 $x\le b$이 성립하지 않는 경우 그 b를 A의 극소원(minimal element)이라 하고 기호로 표시하면 다음과 같다.

$$\nexists\ ^{\forall}x\in A,\ x\le b\text{일 때}(b\in A)$$

$x=b$이면, 그리고 그때에만 성립하면 b를 A의 극소원이라 한다.

즉, b가 $(A,\le)$의 극소원이다 $\Leftrightarrow$ $^{\forall}x\in A,\ x\le b$이면 $x=b$이다.

(3) $a(\in A)$가 임의의 $x\in A$에 대해서 $a\ge x$일 경우 a를 A의 최대원(greatest element)이라 한다. 여기서 A의 최대원을 $\max A$라고 표시한다.

(4) $b(\in A)$가 임의의 $x\in A$에 대해서 $b\le x$일 경우 b를 A의 최소원(least element)이라 한다. 여기서 A의 최소원을 $\min A$라고 표시한다.

즉, 반순서집합 A에 있어서 원소 a가 다른 모든 원소보다 뒤에 있으면(크면) 최대원이라 하고, a보다 뒤에 있는(큰) 원소가 존재하지 않으면 극대원이라 불리는데 A에 최대원이 존재하면 그것이 유일한 극대원이나, 최대원이 없으면 극대원은 많을 수도 있고 하나도 없을 수도 있다. 예를 들면 평면 위에서 모든 원(둘레와 내부를 포함함)의 집합을 A라 하고 포함관계로 순서를 생각하면 최대원, 극대원, 최소원, 극소원 중 어느 것도 존재하지 않는다.

예제 9

집합 $X=\{a,\ b,\ c,\ d,\ e\}$는 그림 6.3에 의하여 다음과 같이 반순서를 정의할 수 있다. 두 원소 $x,\ y\in X$에 대하여 $x\le y \Leftrightarrow x=y$ 또는 화살표 방향으로 x에서 y로 갈 수 있다(추이관계 포함).

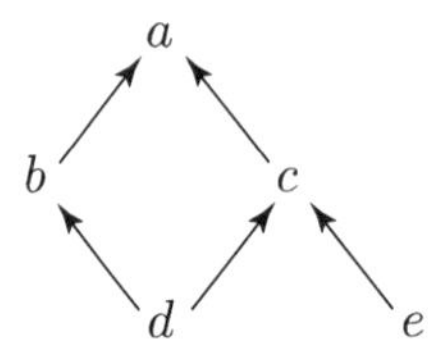

그림 6.3

이와 같이 정의된 반순서집합 $(X\,;\le)$에서 d와 e는 둘 다 극소원이며 a는 극대원이다. 한편 a는 X의 최대원이고 X의 최소원은 없다.

예제 10

(1) $(\mathbb{Q}\,;\le)$(자연순서에 의한 유리수 집합)은 전순서집합이지만 극대원도 극소원도 갖지 않는다.

(2) 열린구간 $(a,\ b):=A$에 대하여 전순서집합 $(A,\ \le)$에서 극대원과 극소원 모두 존재하지 않는다.

(3) 유한 전순서집합 $X=\{x_1,\ x_2,\ x_3,\ \cdots,\ x_n\}$에서는 항상 극대원과 극소원을 하나씩 갖게 된다. 또 자연순서를 갖는 자연수 집합 $(\mathbb{N}\,;\le)$의 최소원은 1이지만 최대원은 없다.

| 정의 7 |

$(A\,;\le)$를 반순서집합이라 하자.

(1) $B\subseteq A$일 때 임의의 $x(\in B)$에 대하여 $x\le a$인 $a\in A$를 A에서 B의 상계(upper bound)라 하고 A에서 B의 모든 상계의 집합을 $U(B)$로써 나타낸다.

(2) $B\subseteq A$일 때 임의의 $x(\in B)$에 대하여 $b\le x$인 $b\in A$를 A에서 B의 하계(lower bound)라 하고 A에서 B의 모든 하계의 집합을 $L(B)$로써 나타낸다.

(3) B의 상계의 집합 $U(B)$가 최소원을 가질 때 이 원소를 A에서 B의 최소상계

(least upper bound) 또는 상한(supremum)이라 하고 sup$B$로 표기한다.

(4) B의 하계의 집합 $L(B)$가 최대원을 가질 때 이 원소를 A에서 B의 최대하계 (great lower bound) 또는 하한(infimum)이라 하고 inf$B$로 표기한다.

즉, 상한(하한)의 개념은 정의 4에서 언급한 최대원(최소원)의 개념보다 뜻이 넓다. 왜냐하면 $B(\subset A)$가 상한을 가질 때 그것이 B의 최대원인 경우는 sup $B \in B$인 경우이고 또한 그때에만 존재한다.

따라서 최대원이 존재하지 않더라도 상한은 존재할 수 있다. 예를 들면 $B = \{x \in \mathbb{R} | a \leq x < b\}$라 하면 $(\mathbb{R}\,;\leq)$(자연순서를 갖는 상태에서 언급함)에서 B는 최대원은 갖지 않으나 상한은 존재하여 sup$B = b$이다.

(☆) 임의의 구간 $(a,\ b)$, $[a,\ b)$, $(a,\ b]$, 그리고 $[a,\ b]$은 $(\mathbb{R}\,;\leq)$에서 상한과 하한을 모두 갖는다.

예제 11

(1) 집합 $X = \{a,\ b,\ c,\ d,\ e,\ f,\ g\}$에서 그림 6.4에 의하여 다음과 같이 순서를 정한다. 즉,

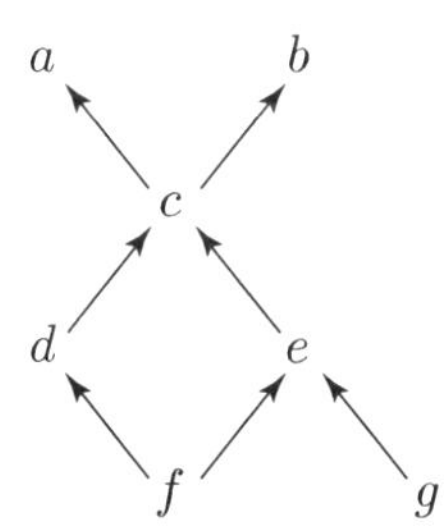

그림 6.4

$x,\ y \in X$에 대하여 다음과 같은 순서, 즉 $x \leq y \Leftrightarrow x = y$ 또는 $x \rightarrow y$를 정의한다. 이와 같이 정의된 반순서집합 X에서 부분집합 $A = \{c,\ d,\ e\}$를 택했을 때, $a,\ b,\ c$는 A의 상계이며 f는 A의 하계이다. 원소 $g \lneq d$이므로 g는 A의 하계는 아니다.

한편 $\sup A$와 $\inf A$는 다음과 같은 특성이 있다. $c=\sup A$는 A에 속하지만 $f=\inf A$는 A에 속하지 않는다.

(2) 전순서집합 $(\mathbb{R}, \leq)$에서 $A=(0,\ 1)\cup[2,\ 4)$라 할 때 $\inf A=0$이고 $\sup A=4$이다.

예제 12

자연순서를 갖는 실수 집합 $(\mathbb{R}\,;\leq)$의 부분집합 $B=\{x\,|\,x\in\mathbb{R},\ x>0,\ 2<x^2<3\}$을 생각한다. 이때에 $U(B)=\{x\in\mathbb{R}\,|\,x\in[\sqrt{3},\ \infty)\}$이고 $L(B)=\{x\in\mathbb{R}\,|\,x\in(-\infty,\ \sqrt{2}]\}$이므로 $\inf B=\sqrt{2}$, $\sup B=\sqrt{3}$이지만 $\min B$와 $\max B$는 없다. 즉, B의 최대원과 최소원도 존재하지 않는다.

그러나 전체집합을 $\mathbb{R}$ 대신에 $\mathbb{Q}$로 택하고 B를 $\mathbb{Q}$의 부분집합으로 생각하면, 즉 $B=\{x\in\mathbb{Q}\,|\,x>0,\ 2<x^2<3\}$일 때, $U(B)=\{x\,|\,x\in(\sqrt{3},\ \infty)\cap\mathbb{Q}\}$이고 $L(B)=\{x\,|\,x\in(-\infty,\ \sqrt{2})\cap\mathbb{Q}\}$이다. 그런데 $\mathbb{Q}$상에서 $U(B)$의 최소원과 $L(B)$의 최대원 모두 존재하지 않는다. 따라서 $\inf B$와 $\sup B$는 존재하지 않는다.

또 A를 실수로 이루어진 자연순서에 의한 유계집합(bounded set) $[a,\ b]$, $(a,\ b)$, $[a,\ b)$, 혹은 $(a,\ b]$이라 할 때 $\inf A=a$와 $\sup A=b$는 존재한다. 이것은 실수에 관한 기본이 되는 정리로서 바이어슈트라스(Weierstrass)의 정리라 한다.

연습문제 6.1

1. 집합 $\mathbb{R}^2$ 위의 관계 $\leq'$를 $a_1\leq b_1$이고 $a_2\leq b_2$이라 하면, 그리고 그때에만 $(a_1,\ a_2)\leq'(b_1,\ b_2)$로 정의할 때, 이 관계는 $\mathbb{R}^2$ 위의 반순서집합임을 보여라.

2. 연습문제 6.1의 문제 1의 반순서집합 $(\mathbb{R}^2\,;\leq')$에 있어서 임의의 음수가 아닌 실수 m에 대하여 $(\mathbb{R}^2\,;\leq')$의 부분집합 $\{(x,\ mx)\,|\,x\in\mathbb{R}\}$은 주어진 반순서집합의 하나의 쇄(chain)임을 보여라.

3. 그림 6.5에서 표시된 것과 같이 집합 $A=\{a,\ b,\ c,\ d,\ e,\ f\}$의 순서가 정의되어 있다 하자. A의 부분집합을 $B=\{b,\ c,\ e,\ f\}$, $C=\{a,\ b,\ c,\ e,\ f\}$, $D=\{d,\ b,\ c,\ e, f\}$이라 할 때 각각의 상계 및 상한을 구하여라. (단, A에서의 관계는 ㅋ $\forall\ x,\ y\in A$, $x \le y \Leftrightarrow x=y$ 또는 $x \to y$(추이관계 포함))

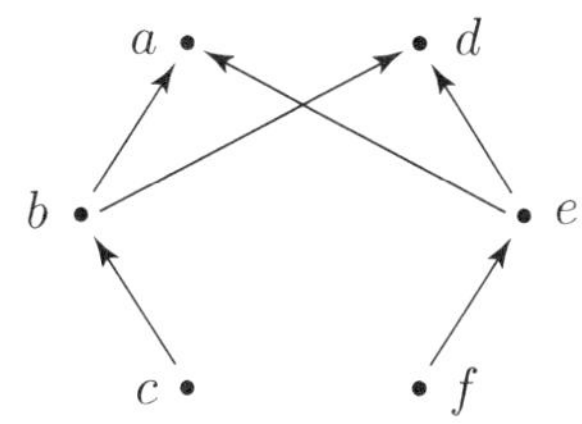

그림 6.5

4. 자연순서 아래에서 집합 $\left\{\frac{n-1}{n+1}\,\middle|\, n\in\mathbb{N}\right\}$에 대하여 최대원, 최소원, 상계, 하계, 상한, 하한이 존재하는가 조사하여라.

5. $X=\{a,\ b,\ c,\ d,\ e,\ f,\ g,\ h\}$이고 $(X\supseteq)A=\{d,\ e,\ f\}$에서 두 원소 x, y에 대하여 $x \le y \Leftrightarrow x=y$ 또는 $x \to y$(추이관계 포함) (그림 6.6 참조)에 의하여 X에 순서관계 $\le$를 정의한다. 이때 다음을 구하여라.

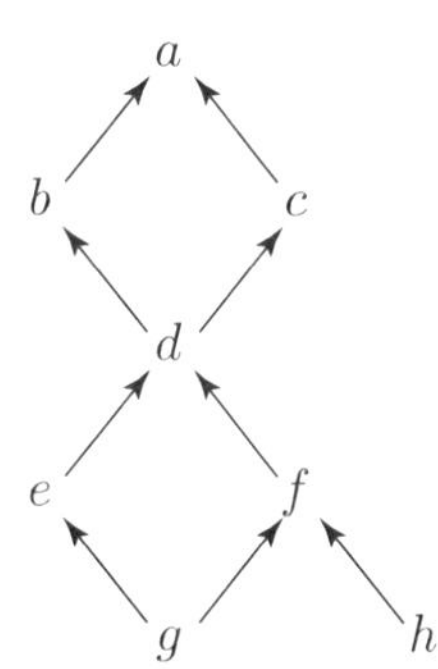

그림 6.6

① X의 극대원	② X의 극소원	③ $\max X$	④ $\min X$
⑤ A의 상계	⑥ A의 하계	⑦ $\sup A$	⑧ $\inf A$

6. $\mathbb{N}_k=\{1,\ 2,\ \cdots,\ k\}\subset\mathbb{N}$라 하자. 자연순서인 부등호에 의하여 $(\mathbb{N}_k\,;\ \le)$, $(\mathbb{N}\,;\ \le)$인 전순서집합을 생각하자.

(1) $\mathbb{N}_{10} \times \mathbb{N}_2$에 사전식 순서 $\leq^*$를 주었을 때 $(\mathbb{N}_{10} \times \mathbb{N}_2\,;\,\leq^*)$의 극대원, 극소원을 구하여라. 더 나아가 $A = \{(2,\ 1),\ (2,\ 2)\}$라 할 때 $(\mathbb{N}_{10} \times \mathbb{N}_2\,;\,\leq^*)$에서 A의 상한과 하한을 구하여라.

(2) $(\mathbb{N} \times \mathbb{N}_3\,;\,\leq^*)$의 극대원과 극소원의 존재성을 논하여라.

(3) $(\mathbb{N} \times \mathbb{N}\,;\,\leq^*)$의 순서관계를 그림을 그려서 설명하여라.

7. 반순서집합을 표현하는 하세 도표 그리는 방법을 기술하시오.

6.2 정렬집합

자연수 집합은 자연순서(부등호)에 의하여 $(\mathbb{N}\,;\,\leq)$이 전순서집합이 되었다(정의 3 참조). 자연수 집합에서 공집합이 아닌 임의의 부분집합을 택할 때 정렬집합이 유도되고 그로부터 수학적 귀납법과 초한귀납법이 유도된다.

❙ 정의 8 ❙

전순서집합 $(X;\,\leq)$에 있어서 X의 임의의 부분집합 $A(\neq \phi)$에 최소원(혹은 최초원)이 존재할 때 $(X;\,\leq)$를 **정렬집합**(well-orered set)이라 한다(즉, $\exists\ \forall\ x \in A,\ \exists\, a \in A$ s.t. $a \leq x$). 아울러 $(X;\,\leq)$가 정렬집합이면 관계 $\leq$를 **정렬관계**(well-ordered relation)라 하고 집합 $(X;\,\leq)$가 정렬집합이면 X는 정렬가능하다고 말한다. 여기서 A의 최소원을 $\min A$라고 놓는다.

예제 13

다음 집합들이 정렬집합인지 아닌지를 조사하여라.

① $(\mathbb{N}\,;\,\leq)$ ② $(\{\cdots,\ -1,\ 0,\ 1,\ 2\}\,;\,\leq)$

③ $(\mathbb{Z}\,;\,\leq)$ ④ 유한 전순서집합 $\{x_1,\ x_2,\ \cdots,\ x_n\}$

⑤ $(\mathbb{R}\,;\,\leq)$

풀이 ①, ④는 정렬집합이다. ②, ③, ⑤는 정렬집합이 아니다. ■

공집합도 정렬집합이라고 약속한다. 더 나아가 정렬집합의 모든 부분집합이 정렬집합이 됨은 확실하다.

▎정리 2

정렬집합과 순서동형인 집합은 정렬집합이다.

증명 정렬집합 $(A\,;\,<)$와 순서동형인 집합을 $(B\,;\,\leq)$라 하고 B의 임의의 부분집합 $Y(\neq \phi)$라 할 때 $\min Y$가 존재함을 보이면 된다. 즉, A에서 B로의 순서동형사상을 f라 하면 $X = f^{-1}(Y)$는 A의 부분집합이고 $(A\,;\,<)$는 정렬집합이므로 $\min X = x_0$가 있다. 이때에 $f(x_0) = \min Y$이다. 왜냐하면 임의의 $y \in Y$에 대하여, $x_0 < f^{-1}(y)$이고($\because\ x_0 = \min X$), f는 순서를 유지하므로 $f(x_0) \leq f \circ f^{-1}(y) = y$이기 때문이다. 즉 ㄱ $^{\forall} y \in Y$, $f(x_0) \leq y$이므로 $f(x_0) = \min Y$이다. ■

▎정리 3

정렬무한집합은 $(\mathbb{N}\,;\,\leq)$와 순서동형인 부분집합을 포함한다.

증명 정렬무한집합을 $(S\,;\,<)$라 하고 정렬집합의 정의와 수학적 귀납법에 의하여 증명한다.

$\min S = a_1$이라 놓자. 다음에 a_i는 $S - \{a_1, \cdots, a_{i-1}\}$의 최소원으로서 $a_1, a_2, \cdots, a_n$이 S에서 정해졌다고 하면 (즉 $i \geq 2$) S는 무한집합이므로 $S - \{a_1, a_2, \cdots, a_n\} \neq \phi$이고 $\min\{S - \{a_1, a_2, \cdots, a_n\}\}$를 a_{n+1}라 한다. 따라서 모든 $n \in \mathbb{N}$에 대하여 a_n이 정해진다. 다음에 $\{a_n | n \in \mathbb{N}\} \simeq \mathbb{N}$임을 보이는 데에는 $a_1 < a_2 < \cdots$가 성립함을 보이면 된다. 수학적 귀납법을 사용하여 증명한다.

(i) $n = 1$일 때, $a_1 < a_2$임은 명백하다. 왜냐하면 $\min(S - \{a_1\}) = a_2 > \min S = a_1$이기 때문이다.

(ii) 임의의 자연수 $n \geq 2$에 대하여 $a_{n-1} < a_n$이라고 가정하자.

(iii) 이제 $S-\{a_1, a_2, \cdots, a_{n-1}\} \supsetneq S-\{a_1, a_2, \cdots, a_n\}$에 주의하여 양변의 min을 취하면 $a_n = \min(S-\{a_1, \cdots, a_{n-1}\}) < \min(S-\{a_1, \cdots, a_n\}) = a_{n+1}$이고 $a_{n+1} \notin S-\{a_1, a_2 \cdots, a_n\}$이므로 $a_n \neq a_{n+1}$이다. 따라서 $a_n < a_{n+1}$이므로 모든 $n \in \mathbb{N}$에 대하여 $a_1 < a_2 < \cdots < a_n < \cdots$이 성립한다. 따라서 $(\{a_n \mid n \in \mathbb{N}\}; <) \simeq (\mathbb{N}; \leq)$ s.t. $a_n \rightarrow n$에 의하여 순서동형이 된다. ■

정렬집합의 순서형을 논의할 때 다음 정리가 많이 쓰인다.

정리 4

정렬집합 $(X; \leq)$에서 그 부분집합 S로의 순서동형사상이 존재할 때 그 사상을 f라 하면 임의의 $x(\in X)$에 대하여 $x \leq f(x)$이다.

증명 귀류법을 사용하여 결론을 부정해 보면, 어떤 원 $x(\in X)$가 존재하여 $x > f(x)$이라고 가정하자. 즉 $X_0 = \{x \in X \mid x > f(x)\}$라 놓으면 $X_0(\neq \varnothing) \subset X$이므로 X_0의 최소원을 x_0라 하면

$$x_0 > f(x_0) \qquad \cdots (1)$$

이다. f는 순서를 유지하므로 $f(x_0) > f(f(x_0))$이다. 그러므로 $f(x_0)$도 식 (1)을 만족하므로 $f(x_0) \in X_0$이다. 그런데 x_0가 성질 (1)을 만족하는 최소원이라는 데 모순이 된다. ■

◆ 더 나아가 두 개의 정렬집합 사이에 순서동형사상이 있다면 그것은 하나밖에 없다. 왜냐하면 X, Y를 순서동형인 두 개의 정렬집합이라 하자. X에서 Y로의 임의의 두 개의 순서동형사상을 f, g라 하면 g^{-1}는 Y에서 X로의 순서동형사상이 되므로 $g^{-1} \circ f$는 X에서 자기 자신으로의 순서동형사상이 되고 그것은 항등변환이 된다. 따라서

$$g = g \circ (g^{-1} \circ f) = (g \circ g^{-1}) \circ f = f$$

이고, 정렬집합의 순서동형사상이 일의적으로 정해짐을 의미한다.

정의 4에서 소개한 반순서집합 $(X; \leq)$에서 진절편 S_a들의 집합을 $J(X) =$

$\{S_a | a \in X\}$라 한다.

◆ 이제 정렬집합 $(X\,;\,\leq)$의 부분집합 S가 다음 성질

$$\exists\, ^\forall b \in S,\ x \in X \ \text{ s.t. } \ x \leq b \rightarrow x \in S$$

을 가질 때 S를 X의 **절편**(segment)이라 한다. 즉, $(X\,;\,\leq)$의 절편은 X, $S_a = \{x \in X | x < a\}$의 형태를 갖는다. $S_{a_0} = \phi$이다(여기서 a_0는 $(X\,;\,\leq)$의 최소원이다).

정렬집합은 반순서집합이므로 정의 4에서 소개한 진절편 S_a 개념을 정렬집합에 적용하고 정렬집합에서 절편의 성질을 알아본다.

정렬집합 $(W;\leq)$에서 전체집합 W와 ϕ가 $(W;\leq)$의 한 절편임은 정의에 의하여 명백하다. 여기서 $(W;\leq)$의 절편 전체의 집합을 $I(W)$라 하고 $J(W) = \{S_a | a \in W\}$라 할 때 다음 성질을 알 수 있다. 경우에 따라 S_a를 정렬집합 W를 부각시키기 위하여 W_a로도 표시한다.

(1) $$J(W) = I(W) - \{W\} \qquad \cdots (*1)$$

즉, $(W,\ \leq)$의 절편은 W와 일치하거나 W의 어떤 진절편과 같다.

(2) $(W;\leq)$의 절편의 교집합(intersection) 및 합집합(union)은 그 자신이 $(W;\leq)$의 한 절편이다. $\cdots (*2)$

정렬집합의 절편에 관하여 예를 들어 설명한다.

집합 $D := \{1,\ 3,\ 5,\ \cdots\}$과 $E := \{2,\ 4,\ 6,\ \cdots\}$에 각각 자연순서인 부등호를 생각하여 정렬집합 $(D\,;\,\leq)$와 $(E\,;\,\leq)$를 얻는다. 이들의 합 $D \cup E := \{D\,;\,E\} = \{1,\ 3,\ 5,\ \cdots\ ;\ 2,\ 4,\ 6,\ \cdots\}$라 하고 $D \cup E$에 다음과 같은 관계 '$\leq'$'을 도입한다.

ⓐ $\exists\, ^\forall x,\ y \in D \cup E$, 만약 $x,\ y \in D$이고 $x \leq y$이면 $x \leq' y$이다.

ⓑ $\exists\, ^\forall x,\ y \in D \cup E$, 만약 $x,\ y \in E$이고 $x \leq y$이면 $x \leq' y$이다.

ⓒ $\exists\, ^\forall x,\ y \in D \cup E$, 만약 $x \in D$이고 $y \in E$이면 $x \leq' y$이다.

이때 $(D \cup E\,;\,\leq')$은 정렬집합이 된다.

이때 $S_1 = \phi,\ S_2 = D,\ S_5 = \{1,\ 3\},\ S_8 = \{1,\ 3,\ 5,\ \cdots\ ;\ 2,\ 4,\ 6\}$이다.

(3) 정렬집합 $(W;\leq)$에 대하여 $(J(W)\,;\,\subseteq)$는 $(W;\leq)$와 순서동형인 정렬

집합임을 알 수 있다.

구체적으로 살펴보면, $J(W)$는 $P(W)$의 부분집합이므로 $(J(W)\,;\subseteq)$는 반순서집합이다.

사상

$$\begin{array}{ccc} W & \longrightarrow & J(W) \\ \rotatebox{90}{$\in$} & & \rotatebox{90}{$\in$} \\ a & \longmapsto & S_a \end{array} \qquad \cdots\ (*3)$$

이 순서동형사상임을 보이면 된다(정리 2 참조).

사상 (∗3)은 전사임은 명백하고, 또 $a \neq b \in W$이면 $S_a \neq S_b$이므로 사상 (∗3)은 전단사이다. 더 나아가

$$a < b\text{이면 } S_a \subsetneq S_b$$

이므로 사상 (∗3)는 순서동형사상이다.

(4) $(I(W)\,;\subseteq)$은 정렬집합이다. 여기서 $\min(I(W)) = \phi$이고 $\max(I(W)) = W$이다.

(5) 정렬집합 $(W;\leq)$은 한 절편 $S_a(a \in W)$과 동형이 되지 않는다(여기서 $S_a \in J(W)$이다).

(6) 한 정렬집합에서 상이한 두 원소 $a(\neq)b$에 대하여 S_a와 S_b는 서로 동형이 될 수 없다.

(7) $(W;\leq)$의 각 절편 $S(S \neq W)$에 대하여 적당한 원소 $x \in W$가 존재하여 $S = S_x$이 성립한다. 여기서 $S_x = \{a \in W \mid a < x\}$이다.

▌정리 5

X, Y를 두 개의 정렬집합이라 할 때 다음이 성립한다.

(1) X의 모든 진절편에 대하여 각각 이것과 동형인 Y의 진절편이 존재하면 X는 Y 또는 Y의 진절편과 동형이 된다.

(2) X의 진절편으로서 Y의 어느 진절편과도 동형이 되지 않는 것이 존재하면 Y는 X의 어떤 진절편과 동형이 된다.

증명 (1) 먼저 두 개의 정렬집합들을 $(X;\leq)$, $(Y;\leq)$라 놓자. 함수

$$\begin{array}{ccc} X & \longrightarrow & J(X) \\ \Cup & & \Cup \\ a & \leadsto & S_a \end{array} \qquad \cdots ①$$

는 X에서 $J(X)$로의 전단사(동형사상)이므로((*3) 참조) 각 원소 $a \in X$에 대하여 S_a가 일의적으로 정해지고, 또 가정에 의하여 각 S_a에 대하여

$$S_a \simeq S_b \qquad \cdots ②$$

가 되는 S_b가 $J(Y)$에 일의적으로 존재한다.

함수

$$\begin{array}{ccc} J(Y) & \longrightarrow & Y \\ \Cup & & \Cup \\ S_b & \leadsto & b \end{array} \qquad \cdots ③$$

는 역시 전단사이므로 S_b에 대하여 원소 $b \in Y$가 일의적으로 존재한다. 각 ①, ②, ③을 합성하면 X에서 Y로의 사상 $f : X \to Y$, $(f(a) = b)$는 단사이다.

한편 f는 순서까지도 유지해준다. 왜냐하면 $a_1 < a_2 \Rightarrow S_{a_1} \subsetneq S_{a_2}$이고 $f(a_1)$과 $f(a_2)$에 대한 Y의 절편은 f의 정의에 의하여 각각 $S_{f(a_1)}$, $S_{f(a_2)}$이다. 그런데 순서동형대응 $S_{a_2} \simeq S_{f(a_2)}$에 있어서 S_{a_2}의 진절편 S_{a_1}은 $S_{f(a_2)}$의 어떤 진절편 S_b에 순서동형으로 사상되어 있어야 한다. 한편 X의 진절편 S_{a_1}에 동형인 Y의 진절편은 일의적으로 정해지는 것이므로

$$S_{f(a_1)} = S_b \subsetneq S_{f(a_2)}$$

이다. 여기서 $f(a_1) < f(a_2)$을 얻으므로 f는 순서를 유지한다. 결국 f는 X에서 $f(X)$로의 순서동형사상이다.

여기서 $f(X)$는 Y의 절편이다. 왜냐하면 임의의 $b \in f(X)$에 대하여 $y \leq b$, $y \in Y$라 하자.

① $y < b$, $y \in Y$라 하면 $y \in S_b$이고 $S_a \cong S_b$에서 y에 대응되는 S_a의 원소를 x라 하면 $x < a$로서

$$S_x = S_{a,\ x} \simeq S_{b,\ y} = S_y$$

에 의하여 $f(x) = y$이다. 여기서 $S_{a,\ x}$는 진절편 S_a에서 x의 진절편을 말한다.

② $y = b \in f(X)$라면 $\exists\, x \in X \;\; f(x) = y$이다. 즉 $y \in f(X)$로써 절편의 조

건을 만족하기 때문이다. 그러므로 $f(X)=Y$이든가 Y의 어떤 진절편과 동형이다.

(2) 생략. ■

다음 정리는 정렬집합의 순서형을 비교하는 데 기본이 된다.

▎정리 6 정렬집합의 비교

두 개의 정렬집합 X, Y에 대하여 다음 (1), (2), (3) 가운데 하나만이 반드시 성립한다.

(1) $X \simeq Y$

(2) X는 Y의 어떤 진절편과 동형이다.

(3) Y는 X의 어떤 진절편과 동형이다.

증명 (1)이 성립하지 않을 때에는 X의 절편으로 Y의 어느 절편과도 동형이 되지 않는 것이 있든가, 또는 Y의 절편으로 X의 어느 절편과도 동형이 되지 않는 것이 있게 된다. 정리 5에 의하여 처음 경우에는 (3)이 성립하고, 뒤의 경우에는 (2)가 성립한다. 따라서 (1)~(3) 가운데 하나는 반드시 성립한다.

그리고 (1)에서 (3)까지의 조건 중 어느 두 개도 동시에 성립할 수 없다는 것은 순서동형관계가 동치관계라는 성질 및 정렬집합은 그 진절편과는 동형이 되지 않는다는 성질에서 알 수 있다. ■

연습문제 6.2

1. 임의의 집합 X에 대하여 멱집합 $P(X)$에서 포함관계에 의한 비교가능한 최대의 정렬부분집합족 $(A\,;\subseteq)$를 구하여라.

2. $(X\,;\leq)$가 정렬집합일 때 다음을 증명하여라.

   (1) X의 절편들의 집합에서 임의의 부분집합족의 교집합은 X의 절편이다.

   (2) 각 $x(\in X)$에 대하여 $X_x \bigcup \{x\}$는 x의 절편이다.

3. 6.2절의 성질 (*1)과 (*2)를 증명하여라.

4. 정렬집합 $(W;\le)$은 한 절편 $S_a(a\in W)$와 동형이 되지 않음을 증명하여라.

5. $(\mathbb{N}_{k_1};\le)$과 $(\mathbb{N}_{k_2};\le)$를 사용하여 정리 5를 설명하시오. ($k_1, k_2\in\mathbb{N}$이고 $k_1\le k_2$이다.)

6.3 서수의 개념

집합의 크기를 셈하고 표현하는 데 필요한 개념, 즉 기수

$$1,\ 2,\ 3,\ \cdots,\ \aleph_0,\ c,\ f,\ \cdots$$

을 제 5 장에서 언급했었다. 그때 기수의 개념을 이해하기 위하여 기수의 공리를 이용하여 공리론적 접근방법을 통하여 기수를 설명하였다. 이 절에서 소개할 서수는 첫째, 둘째, 셋째, … 등과 같이 집합의 원소들 사이의 순서를 나타내는 데 사용되는 개념이다. 자연수를 이용하여 유한서수가 쉽게 표현되므로 제 6 장에서는 무한서수의 도입과 그의 표현에 많은 관심을 두어야 한다.

제5장에서 집합전체의 모임을 대등관계에 의하여 분할했을 때 각 동치류가 갖는 공통된 성질을 기수로 정의한 바와 같이 순서집합 전체의 모임을 순서동형관계에 의하여 동치류로 분할하여 이 각각의 동치류를 '순서형(order type)'으로 정의한다. 주어진 순서집합 X에 대하여 "X의 순서형"의 수학적 특성을 $\mathrm{ord}X$로 표현한다.

집합의 기수는 자연수 1부터 시작하여 크기를 논하였지만 순서수는 0에서부터 시작하는 것으로 약속한다(6.5절에서 알 수 있듯이 순서수의 덧셈 정의가 수월함).

또 유한정렬집합의 순서수 즉 (순)서수 0, 1, 2, … 를 유한(순)서수(finite ordinal number)라 하고 무한정렬집합의 (순)서수를 무한(순)서수(infinite ordinal number) 또는 초한(순)서수(transfinite ordinal number)라 한다. 즉, 무한순서수 중에서 ω가 최소인 것이다. ω 이상의 순서수를 초한순서수라 한다.

일반적으로 공리론적 접근방법을 통하여 유, 무한서수에 관하여 다음과 같이 공리로서 정의한다.

[서수의 공리](axiom of ordinality)

O-1. 각 정렬집합 $(A\,;\,\leq)$에 대하여 $\text{ord}(A\,;\,\leq)$로 표시된 하나의 서수가 정해지고, 각 서수 α에 대하여 $\text{ord}(A\,;\,\leq)=\alpha$인 하나의 정렬집합 $(A\,;\,\leq)$가 존재한다.

O-2. 정렬집합 $(A\,;\,\leq)$, $(B\,;\,\leq')$에 대하여 $(A\,;\,\leq)\simeq(B\,;\,\leq')$이면, 그리고 그때에만 $\text{ord}(A\,;\,\leq)=\text{ord}(B\,;\,\leq')$이다.

O-3. $A=\phi$이면, 그리고 그때에만 $\text{ord}(A\,;\,\leq)=0$이다.

O-4. 정렬집합 $(A\,;\,\leq)$에 대하여 적당한 $k\in\mathbb{N}$가 존재함으로써 $(A\,;\,\leq)\simeq(\{1,\ 2,\ 3,\ \cdots,\ k\}\,;\,\leq)$이면 $\text{ord}(A\,;\,\leq)=k$이다.

자연수 집합은 정렬집합 $(\mathbb{N}\,;\,\leq)$이 되는데 자연수 집합 $\mathbb{N}$의 서수를 그리스 문자 ω(오메가)로 나타낸다. 즉,

$$\omega=\text{ord}(\{1,\ 2,\ 3,\ \cdots\}\,;\,\leq)$$

이다. 그러나 기수의 정의에서 확인했듯이 주어진 집합 X에 대하여 $\text{card}\,X$는 유일하게 존재하지만 $\text{ord}\,X$는 동일한 집합 X의 정렬(배열)에 따라 다를 수 있다.

예제 14

자연수 집합 $(\mathbb{N}\,;\,\leq)=\{1,\ 2,\ 3,\ 4,\ 5,\ 6,\ \cdots\}$와 $(\mathbb{N}\,;\,\leq')=\{1,\ 3,\ 5,\ 7,\ \cdots\ ;\ 2,\ 4,\ 6,\ 8,\ \cdots\}$이라 하면 두 정렬집합 $(\mathbb{N}\,;\,\leq)$과 $(\mathbb{N}\,;\,\leq')$는 순서동형집합이 아니므로 $\text{ord}(\mathbb{N}\,;\,\leq)=\omega$이지만 $\text{ord}(\mathbb{N}\,;\,\leq')\neq\omega$이다.

연습문제 6.3

1. 예제 14에서 $(\mathbb{N}\,;\,\leq')$는 정렬집합임을 증명하여라.

2. 정수의 집합 $(\mathbb{Z}\,;\le)$과 자연수 집합 $(\mathbb{N}\,;\le)$는 순서동형이 아니다.

3. 유한 정렬집합 $(A\,;\le)$, $(B\,;\le')$에 대하여 A와 B가 대등이면 $(A\,;\le)$과 $(B\,;\le')$이 순서동형임을 보이시오.

6.4 서수의 비교

6.3절의 서수의 공리 2는 서수의 상등(相等)에 대하여 언급하고 있다. 순서수가 같지 않을 때 두 순서수 사이에 "보다 작다" 또는 "보다 크다"를 정의하여 순서수의 크기를 비교하는 것은 극히 수학적 발상이므로 다음 정의를 소개한다.

❙ 정의 9 ❙

서수 α, β와 정렬집합 $(A\,;\le)$, $(B\,;\le')$에 대하여

$$\alpha=\mathrm{ord}(A\,;\le),\ \ \beta=(B\,;\le')$$

일 때 $(A\,;\le)$가 $(B\,;\le')$의 하나의 절편과 순서동형적이면, 그리고 그때에만 α는 β보다 작다 또는 같다고 말하고 이것을 $\alpha\le\beta$로 나타낸다. 한편 $\alpha\le\beta$이고 $\alpha\ne\beta$일 때 이것을 $\alpha<\beta$로 나타낸다.

정의 9는 정렬집합 $(A\,;\le)$, $(B\,;\le')$의 선택과는 무관하다.

❙ 정리 7

임의의 정렬집합 $(A\,;\le)$에 대하여 그 절편 위로의 순서동형사상으로서는 오직 A 위의 항등함수 1_A가 존재할 뿐이다.

증명 귀류법을 사용하여 결론을 부정하자. 즉, A의 적당한 진절편 A_a에 대하여

순서동형사상 $f: A \to A_a$가 존재한다고 가정하자. 그러면 $f(a) < a$이므로 $B = \{x \in A \mid f(x) < x\} \neq \phi$이 존재한다. 여기서 B의 최소원을 b라고 하면 $f(b) < b$이다. f가 순서동형사상이므로 $f(f(b)) < f(b)$이다 (이것은 b가 B의 최소원이라는 데 모순). 그러므로 정렬집합에서는 그 어떤 진절편으로의 순서동형사상이 존재하지 않음을 알 수 있다.

여기서 우리는 순서동형사상 $f: A \to A$만이 존재한다는 것을 알았고 증명을 완성하려면 A에서 A 위로의 순서동형사상은 오직 항등함수 $1_A: A \to A$ 뿐임을 보여야 한다.

지금 $g: A \to A$를 순서동형사상이라고 하면 g와 항등함수 $1_A: A \to A$는 모두 엄밀한 뜻에서 증가함수(strictly increasing)이므로 모든 $x(\in A)$에 대하여 $1_A(x) \leq g(x) \leq 1_A(x)$이다. 따라서 $1_A(x) = g(x)$이므로 $g = 1_A$이다. ■

❙ 정리 8

임의의 서수 α, β에 대하여 $\alpha \leq \beta$이고 $\beta \leq \alpha$이면 $\alpha = \beta$이다.

증명 두 정렬집합 $(A; \leq)$, $(B; \leq')$에 대하여

$$\mathrm{ord}(A; \leq) = \alpha, \ \mathrm{ord}(B; \leq') = \beta$$

라고 하면 가정 $\alpha \leq \beta$이고 $\beta \leq \alpha$에 의하여 두 순서동형사상

$$f: A \to D, \ g: B \to C$$

가 존재한다. 여기서 C, D는 각각 A, B의 절편이다. 그러므로 임의의 $x(\in A)$에 대하여 $h(x) = g(f(x))$로 정의된 함수 $h: A \to C(\subseteq A)$는 A에서 C의 한 절편, 예를 들면, E로의 순서동형사상이다. 그러므로 정리 7에 의하여 $E = A$이고 $C = A$가 되어서 순서동형사상 $g: B \to C$에 의하여 $\alpha = \beta$이다. ■

❙ 정리 9

임의의 서수 α, β에 대하여 $\alpha \leq \beta$ 또는 $\alpha \geq \beta$이다.

증명 정렬집합 $(A\,;\,\leq)$, $(B\,;\,\leq')$에 대하여 $\operatorname{ord}(A\,;\,\leq)=\alpha$, $\operatorname{ord}(B\,;\,\leq')=\beta$라고 할 때 A는 B의 절편과 순서동형이거나 B가 A의 절편과 순서동형인 것을 증명하면 된다

A의 원소 a에 대하여 B의 원소 b가 존재함으로써 A의 절편 A_a와 B의 절편 B_b가 순서동형적이면, 그리고 그때에만 a는 용인적(admissible)이라고 한다. 정리 7에 의하여 A의 모든 용인적 원소 a에 대하여 B의 원소 b가 일의적으로 존재함으로써 $A_a \simeq B_b$이다. 여기서 A의 모든 용인적 원소의 집합을 M이라 하고 $A_a \simeq B_b$이면 $f(a)=b$로서 잘 정의된 함수 $f: M \to B$가 존재한다. 그때 정리 7에 의하여 그 함수 f는 단사이고, f는 엄밀한 뜻에서 증가함수이고 $f(M)=N$은 B의 절편이다.

이제 A는 B의 절편과 순서동형이 아니고 B도 A의 절편과 순서동형이 아니라면 $A-M$과 $B-N$은 모두 공집합은 아니다. 그러므로 $A-M$과 $B-N$의 최소원을 각각 p, q라 할 때 $A_p = M \simeq N \simeq B_q$이다. 따라서 p는 용인적이다. 즉 $p \in M$인데 이것은 $p \notin M$에 모순이 된다. ■

❙ 정리 10

정렬집합 $(A\,;\,\leq)$, $(B\,;\,\leq')$에 대하여 A가 B의 진절편(proper segment)과 순서동형적이면, 그리고 그때에만 $\operatorname{ord}(A\,;\,\leq) < \operatorname{ord}(B\,;\,\leq')$이다.

증명 생략. ■

❙ 정리 11

임의의 두 서수 α, β에 대하여 다음 중 꼭 하나만이 참이다.

(1) $\alpha < \beta$ (2) $\alpha = \beta$ (3) $\alpha > \beta$

증명 정리 5, 정리 6에 의해서 쉽게 증명됨. ■

α를 임의의 순서수라 하면 α의 다음 순서수라는 것이 존재할 것이다. 즉, α를 순서형으로 하는 정렬집합을 $(W; \leq)$라 할 때에 W에 속하지 않는 임의의 원 x_0를 택하여 $(W; \leq)$의 가장 뒤에 첨가시킨 집합 $W \cup \{x_0\}$를 생각할 수 있다. 그때 $(W \cup \{x_0\}; \leq)$의 원소들 사이의 순서는

$$\exists\ \forall x \in W,\ x \leq x_0$$

으로 정의하고 W에서의 순서는 원래대로 유지하는 것으로 정의한다.

그러면 $(W \cup \{x_0\}; \leq)$는 정렬집합이 된다. 이때 원소 x_0를 $(W \cup \{x_0\}; \leq)$의 마지막 원소(last element)이라 한다. 이 정렬집합의 순서수는 α보다 크다. 왜냐하면 이 정렬집합 $(W; \leq)$는 $(W \cup \{x_0\}; \leq)$의 진절편 S_{x_0}와 순서동형이기 때문이다(정리 10을 사용함). $(W \cup \{x_0\}; \leq)$의 순서수를 α^+로 표시한다. 예를 들면 $0^+ = 1, \cdots, n^+ = n+1$이다. 그러므로 다음 성질을 알 수 있다.

참고 순서수를 원소로 하는 임의의 집합에 대하여 그것에 속하는 어느 순서수보다 큰 순서수가 존재한다.

연습문제 6.4

1. 임의의 자연수 k에 대하여 다음을 증명하여라.
   (1) $\mathrm{ord}\{k,\ k+1,\ k+2,\ \cdots\} = \omega$
   (2) $\mathrm{ord}\{k,\ k+1,\ k+2,\ \cdots,\ 0,\ 1,\ 2,\ 3,\ \cdots,\ k-1\} > \omega$

2. ω가 최소의 초한순서수임을 설명하여라.

6.5 순서수의 덧셈과 곱셈

자연수 n은 집합의 원소의 개수를 나타내는 역할을 하는 기수와 첫째, 둘째, 셋째, ⋯ 등으로 n번째를 나타내는 데 쓰이는 서수로서의 역할이 있다. 이 서수의 개념을 일반화한 것이 바로 순서수인데 이 절에서는 그 순서수의 덧셈과 곱셈에 관하여 알아보자. 정렬집합의 순서형을 순서수(ordinal number)라고 했음을 상기하자.

순서수의 덧셈을 정의하기 위하여 m, n을 순서수로 갖는 서로소인 각각의 유한 정렬집합을 X, Y라 하자. X에 그 순서에 따라 번호를 붙이면 m번째로 끝나고 그 다음 Y의 최소원에 $m+1$, Y의 둘째 번 원소에 $m+2$로 번호를 붙여나가면 $m+n$이 순서수 m과 n의 합이다. 즉, 서로소인 두 정렬순서집합

$$X=\{x_0,\ x_1,\ x_2,\ x_3,\ \cdots,\ x_{m-1}\},\quad Y=\{y_0,\ y_1,\ \cdots,\ y_{n-1}\},$$

에 대하여 X의 원소들 다음에 Y의 원소를 배열하면

$$X\cup Y=\{x_0,\ x_1,\ x_2,\ \cdots,\ x_{m-1},\ y_0,\ y_1,\ \cdots,\ y_{n-1}\}$$

을 얻는다. 여기서

$$\mathrm{ord}(X\cup Y)=\mathrm{ord}\,X+\mathrm{ord}\,Y=m+n$$

으로 자연스럽게 정의할 수 있다.

순서수의 덧셈을 도입하기 위하여 $(A\,;\le)$와 $(B\,;\le')$를 서로소인 정렬집합이라고 할 때 다음과 같이 $A\cup B$ 위에 전순서관계를 다음과 같이 정의한다.

❙ 정의 10 ❙

$(A\,;\le)$와 $(B\,;\le')$가 정렬집합이고 $A\cap B=\phi$일 때 $A\cup B$ 위에 전순서관계 $\le^*$를 다음과 같이 정의한다.

(1) ㅋ$x,\ y\in A,\ x\le y$(또는 $x,\ y\in B,\ x\le' y$) $\Leftrightarrow x\le^* y$

(2) ㅋ$x\in A,\ y\in B\Leftrightarrow x\le^* y$

즉 정의 10을 살펴보면 $A \cup B$ 위에서의 새로운 순서관계는 다음과 같이 해석된다. $A \cup B$에서 순서관계 $\leq^*$는 A의 모든 원소는 원래 A에서의 순서와 같은 순서를 갖고 B의 모든 원소도 원래 B에서의 순서와 같은 순서를 갖지만 B의 모든 원소는 A의 모든 원소보다 크다(뒤에 있다)는 것을 나타낸다.

한편 두 개의 유한정렬집합 $(A\,;\leq)$와 $(B\,;\leq')$가 서로소가 아닌 경우에는 기수의 경우에서와 마찬가지로 데카르트 곱 $A \times \{0\}$과 $B \times \{1\}$로 구성하여 $A \times \{0\}$에 있어서 정렬관계 $(\leq_0)$를

$$\ni \forall (x,\ 0),\ (y,\ 0) \in A \times \{0\}$$
$$x \leq y \Leftrightarrow (x,\ 0) \leq_0 (y,\ 0)$$

로 정의하고 $B \times \{1\}$에의 정렬순서관계 $(\leq_1)$도

$$\ni \forall (z,\ 1),\ (w,\ 1) \in B \times \{1\}$$
$$z \leq' w \Leftrightarrow (z,\ 1) \leq_1 (w,\ 1)$$

로 정의하면 $A \times \{0\} \simeq A$이고 $B \times \{1\} \simeq B$가 되고 $A \times \{0\} \cap B \times \{1\}$은 서로소가 된다. 따라서 $A \cap B \neq \phi$일 때는 $(A\,;\leq)$와 $(B\,;\leq')$ 대신에 서로소인 집합 $(A \times \{0\}\,;\leq_0)$과 $(B \times \{1\}\,;\leq_1)$를 사용한다. 이와 같이 하여 서수의 합 $\text{ord}(A\,;\leq) + \text{ord}(B\,;\leq')$를 합집합 $A \cup B$의 순서수 $\text{ord}(A \cup B\,;\leq^*)$로 정의한다.

| 정의 11 |

α와 β를 순서수라 하자. α와 β의 **서수합**(ordinal sum)은 $\alpha + \beta$로서 표현되고 순서수 $\text{ord}(A \cup B\,;\leq^*)$이다. 여기서 $(A\,;\leq)$와 $(B\,;\leq')$는 $\text{ord}(A\,;\leq) = \alpha$이고 $\text{ord}(B\,;\leq') = \beta$인 서로소인 정렬집합이다.

만약 정의 11에서 α와 β가 유한서수이면 서수합 $\alpha + \beta$는 음이 아닌 두 정수의 α와 β의 통상합과 일치한다. 그러나 초한(순)서수인 경우에는 순서합의 성질이 유한의 경우와 매우 다를 수 있다. 예를 들면, 서수의 합 $\alpha + \beta$와 $\beta + \alpha$는 일반적으로 같을 필요조차도 없다.

예제 15

두 유한 순서수 7과 2의 순서수의 합을 구하여라.

풀이 자연순서 아래에서 $A=\{0,\ 1,\ 2,\ 3,\ 4,\ 5,\ 6\}$, $B=\{8,\ 9\}$이라 하면 $A\cap B=\phi$이고 $\text{ord}A=7$, $\text{ord}B=2$이므로 $7+2=\text{ord}A+\text{ord}B=\text{ord}(A\cup B)=9$이다. ■

예제 16

유한서수 $k(\neq 0)$에 대하여, $k+w=w$이고 $\omega+k\neq\omega$이다. 그러므로 순서수합은 일반적으로 가환적 성질이 없다.

풀이 $k=\text{ord}(\{0,\ 1,\ 2,\ \cdots,\ k-1\};\ \leq)$이고 $\omega=\text{ord}(\{k,\ k+1,\ k+2,\ \cdots\};\ \leq)$이므로 $k+\omega=\text{ord}\{0,\ 1,\ 2,\ \cdots,\ k-1,\ k,\ k+1,\ \cdots\}=\omega$이지만 $\omega+k=\text{ord}\{k,\ k+1,\ k+2,\ \cdots,\ 0,\ 1,\ 2,\ \cdots,\ k-1\}>\omega$이므로(정리 10 참조) $\omega+k\neq k+\omega$이다. ■

정리 12

임의의 순서수 α, β, γ에 대하여 다음이 성립한다.

(1) $(\alpha+\beta)+\gamma=\alpha+(\beta+\gamma)$(결합률; associative law)

(2) $\beta<r\Rightarrow\alpha+\beta<\alpha+\gamma$ (단조성)

(3) $\alpha+\beta=\alpha+\gamma\Rightarrow\beta=\gamma$ (좌측소거법; left cancellation law)

증명 (1) $A\cap B\cap C=\phi$이고 $\alpha=\text{ord}\ A$, $\beta=\text{ord}\ B$, $\gamma=\text{ord}\ C$인 정렬집합 A,B,C라 할 때 $A\cup(B\cup C)\simeq(A\cup B)\cup C$임을 보이자. 정의 11의 서수합의 정의로부터 정렬집합 $A\cup(B\cup C)\simeq(A\cup B)\cup C$임을 쉽게 알 수 있다.

(2) 정렬집합 $(A;\ \leq)$, $(B;\ \leq')$와 $(C;\ \leq'')$를 $\text{ord}(A;\ \leq)=\alpha$, $\text{ord}(B;\ \leq')=\beta$, $\text{ord}(C;\ \leq'')=\gamma$이고 $A\cap B=\phi=A\cap C$라고 하자. $\beta<\gamma$이므로 B는 C의 어떤 진절편 C_z와 순서동형이다. 그 순서동형사상을 $g:B\to C_z$로 표시하고 서로소인 합 $A\cup B$와 $A\cup C$에는 정의 11의 윗부분에 의하여 정의된 정렬관계 $\leq^*$로 주어졌다고 하자. 이들의 정렬관계에 의하여 새로운 함수

$$f : A \cup B \longrightarrow A \cup C_z$$
$$x \rightsquigarrow f(x) = \begin{cases} x, & x \in A \\ g(x), & x \in B \end{cases}$$

를 정의하면 $A \cup B$에서 $A \cup C$의 진부분 절편 $A \cup C_z$ 위로의 순서동형사상이다. 정리 10에 의하여 $\alpha + \beta < \alpha + \gamma$ 이다.

(3) 귀류법을 사용하여, 결론을 부정하여 $\alpha + \beta = \alpha + \gamma$ 이고 $\beta \neq \gamma$ 인 순서수 α, β, γ 가 존재한다고 가정하자. 정리 11에 의하여 $\beta < \gamma$ (또는 $\beta > \gamma$)이라 가정할 수 있다. 따라서 위의 (2)에 의하여 $\alpha + \beta < \alpha + \gamma$ (또는 $\alpha + \beta > \alpha + \gamma$)가 성립하여 기본가정에 모순이 되므로 $\beta = \gamma$ 이다. ■

순서수의 합은 좌측소거법은 성립하나 우측소거법은 일반적으로 성립하지 않는다. 즉 순서수 α, β, γ 에 대하여 $\beta + \gamma = \alpha + \gamma$ 라 하여도 반드시 $\beta = \alpha$이 성립하는 것은 아니다.

예를 들면, 홀수의 집합 $\mathbb{N}_1$의 순서수와 한 원소로 구성된 정렬집합 $\{0\}$의 순서수의 합은 $\omega + 1$이 된다. 한편 $\{0\}$의 순서수 1에 $\mathbb{N}_1$의 순서수 w를 합한 순서수 $1 + w$는

$$1 + \omega = \text{ord}\{0,\ 1,\ 3,\ 5,\ 7,\ \cdots,\ 2n-1,\ \cdots\} = \omega$$

이다. 순서형이 $\omega + 1$인 집합에는 마지막 원소가 있지만 순서형이 ω인 집합에는 마지막 원소가 없으므로

$$\omega + 1 \neq \omega = 1 + \omega \qquad \cdots (*)$$

이고 $\omega + 1 \neq 1 + \omega$이다. 위의 (*)에서 우측소거법이 성립하지 않는 것은 명백하다($\because\ w = 1 + w \nRightarrow 0 = 1$)

따라서 유한서수 n_1, n_2, $\cdots$에 대하여

$$0 < 1 < 2 < \cdots < n_1 < \cdots < \omega < \omega + 1 < \omega + 2 < \cdots < w + n_2 < \cdots$$

와 같이 얼마든지 큰 순서수를 실제로 만들 수 있다.

기수의 곱에서도 두 기수 card$X$와 card$Y$의 곱을 card$X \times Y$로 정의했었다. 순서수 ord$(X, \leq)$와 ord$(Y, \leq')$의 곱을 정의하기 위하여 데카르트 곱 $X \times Y$에 새로운 순서를 주어서 $X \times Y$를 정렬집합으로 다음과 같이 만든다.

❙ 정의 12 ❙

정렬집합 $(A\,;\,\leq)$와 $(B\,;\,\leq')$에 대하여 $A\times B$에 사전식순서(lexicographic order) $\leq^*$를 다음과 같이 정의한다. ㅋ$(a,\ b),\ (x,\ y)\in A\times B$,

(1) $a\lneq x$이면 임의의 $b,\ y\in B$에 대하여 $(a,\ b)\leq^*(x,\ y)$

(2) $a=x$이고 $b\leq' y$이면 $(a,\ b)\leq^*(x,\ y)$

❙ 정리 13

정렬집합 $(A\,;\,\leq),\ (B\,;\,\leq')$에 대하여 사전식 순서관계를 갖는 집합 $(A\times B\,;\,\leq^*)$는 정렬집합이다.

증명 먼저 $(A\times B\,;\,\leq^*)$가 반순서집합임은 분명하고 임의의 $(a,\ b),\ (x,\ y)(\in A\times B)$에 대하여 $a,\ x(\in A)$에서 $(A\,;\,\leq)$의 정렬구조에 의하여 만약 $a<x$(혹은 $a>x$)이면 정의 12에 의하여 $(a,\ b)\leq^*(x,\ y)$(혹은 $(a,\ b)\ {}^*\!\geq(x,\ y)$)일 것이고 만약 $a=x$이면 $b,\ y(\in B)$를 정렬집합 $(B\,;\,\leq')$ 위에서 정렬구조에 의한 원소비교에 대하여 b와 y를 비교하여

(1) $b=y\Rightarrow(a,\ b)=(x,\ y)$

(2) $b\leq' y\Rightarrow(a,\ b)\leq^*(x,\ y)$

(3) $b\geq' y\Rightarrow(a,\ b)\ {}^*\!\geq(x,\ y)$

가 되어서 $(A\times B\,;\,\leq^*)$는 전순서집합이다. 이 전순서집합 $(A\times B\,;\,\leq^*)$이 정렬집합임을 보이기 위하여 S를 $A\times B$의 임의의 공집합이 아닌 부분집합이라 하자. S가 최소원을 갖는다는 것을 밝히면 된다. 여기서

$$P_A(S)=\{x\in A\mid \text{적당한 } y\in B\text{에 대하여 } (x,\ y)\in S\}$$

는 정렬집합 A의 공집합이 아닌 부분집합이고 $(A\,;\,\leq)$가 정렬집합이므로 $P_A(S)$는 최소원 예컨대 a를 포함한다. 다음으로

$$P_B(S)=\{y\in B\mid (a,\ y)\in S\}$$

를 생각하면 $P_B(S)(\neq\phi)\subseteq B$이고 $(B\,;\,\leq')$는 정렬집합이므로 $P_B(S)$는 최소원, 예컨대 $b(\in P_B(S))$를 갖는다. 따라서 $(a,\ b)$는 S에 속하는 최소원이 된다. 그러므로 $(A\times B\,;\,\leq^*)$는 정렬집합이다. ■

| 정리 14

정렬집합 $(A_1\,;\,\leq_1)$, $(A_2\,;\,\leq_2)$, $(B_1\,;\,\leq_1{}')$, $(B_2\,;\,\leq_2{}')$가 $(A_1\,;\,\leq_1)\simeq(A_2\,;\,\leq_2)$ 이고 $(B_1\,;\,\leq_1{}')\simeq(B_2\,;\,\leq_2{}')$라 하면

$$(A_1\times B_1\,;\,\leq_1^*)\simeq(A_2\times B_2\,;\,\leq_2^*)$$

이다.

증명 $f: A_1\to A_2$와 $g: B_1\to B_2$를 순서동형사상이라 하자. 이때 함수

$$\begin{array}{rccl} f\times g: & A_1\times B_1 & \longrightarrow & A_2\times B_2 \\ & \Cup & & \Cup \\ & (x,\ y) & \leadsto & (f\times g)(x,\ y)=(f(x),\ g(y)) \end{array}$$

로 정의하면 그 함수 $f\times g$는 순서동형사상임을 보이면 된다. 첫째 $f\times g$는 f와 g가 전단사함수이므로 그 함수 $f\times g$도 정의에 의하여 전단사함수이다. 또한 임의의 $(x_1,\ y_1)\leq_1^*(x_2,\ y_2)(\in(A_1\times B_1,\ \leq_1^*))$에 대하여 $(f\times g)(x_1,\ y_1)=(f(x_1),\ g(y_1))\leq_2^*((f(x_2),\ g(y_2))=(f\times g)(x_2,\ y_2)$가 되어서 $f\times g$도 순서를 유지하는 함수가 되어 $f\times g$는 순서동형함수가 된다. 따라서 $A_1\times B_1\simeq A_2\times B_2$이다. ■

정리 13과 정리 14를 이용하여 순서수의 곱을 정의한다.

| 정의 13 |

임의의 순서수 α, β에 대하여 (순)서수곱(ordinal product) $\beta\alpha$는 $\beta\alpha=\text{ord}(A\times B\,;\,\leq^*)$로서 정의한다. 여기서 정렬집합 $(A\,;\,\leq)$와 $(B\,;\,\leq')$에 대하여 $\text{ord}(A\,;\,\leq)=\alpha$이고 $\text{ord}(B\,;\,\leq')=\beta$이며 $(A\times B\,;\,\leq^*)$는 사전식순서관계를 갖는 정렬집합이다.

순서곱은 인자집합의 순서에 관계되므로 일반적으로 $\beta\alpha\neq\alpha\beta$($\because$ 정렬집합으로서 $A\times B\neq B\times A$)이다. 즉 순서수의 곱의 연산은 가환율이 반드시 성립하는 것은 아니다. 또한 정의 13을 잘 관찰해 보면 서수의 곱은 합으로써 표현

될 수 있다. 예컨대 ord $A=\alpha$, ord $B=\beta$라 하면 $A\times B=\bigcup_{a\in A}\{a\}\times B$이고 $\{a\}\times B\simeq B$이므로

$$\sum_{a\in A}\beta=\beta\alpha$$

이다.

예제 17

(순)서수곱 $2w$와 $w2$를 비교하여라.

풀이 ord$(A\,;\le)=w$이고 ord$(B\,;\le')=2$이고 $(A\,;\le)=\{1,\ 2,\ 3,\ \cdots\}$, $(B\,;\le')=\{0,\ 1\}$이라 하자.

$A\times B$ 위에 사전식 순서 $\le^*$를 부여하면

$$A\times B=\{(1,\ 0),\ (1,\ 1),\ (2,\ 0),\ (2,\ 1),\ \cdots,\ (n,\ 0),\ (n,\ 1),\ \cdots\}$$

이므로 $2w=$ord$(A\times B\,;\le^*)$이다.

그런데 함수

$$f:\ A\times B\longrightarrow A\text{를 } f(j,\ k)=\begin{cases}2j-1, & k=0\\ 2j, & k=1\end{cases}$$

으로 정의하면 f는 순서동형이다. 따라서 $2w=w$이다. … ①

한편 $B\times A$ 위에 사전식 순서 $\le'^*$를 부여하면

$$B\times A=\{(0,\ 1),\ (0,\ 2),\ \cdots,\ (0,\ n),\ \cdots\ ;\ (1,\ 1),\ (1,\ 2),\ \cdots,\ (1,\ n),\ \cdots\}$$

이므로 $w2=$ord$(B\times A\,;\le'^*)$이다.

여기서 ord$(B\times A\,;\le'^*)=w+w$이고(정의 11 참조) … ②
$w<w+w$이다.

따라서 $2w\ne w2$이다. ■

더 나아가 식 ①의 논리를 확장하면 임의의 유한서수 n에 대하여 $nw=w$임을 알 수 있고, 식 ②의 논리를 확장하면 임의의 유한서수 n에 대하여 $wn=w+w+\cdots+w$임도 쉽게 알 수 있어서 $nw\ne wn$도 쉽게 이해할 수 있다.

정리 15

임의의 순서수 α, β, γ 에 대하여 다음 법칙이 성립한다.

(1) $(\gamma\beta)\alpha = \gamma(\beta\alpha)$(곱셈의 결합률)

(2) $\gamma(\alpha+\beta) = \gamma\alpha + \gamma\beta$(좌측 분배법칙; left distributive law)

증명 (1) $\text{ord}(A\,;\le) = \alpha$, $\text{ord}(B;\le') = \beta$, $\text{ord}(C;\le'') = \gamma$ 라 할 때 $A\times(B\times C) \simeq (A\times B)\times C$ 임을 밝히면 된다. 즉, 함수

$$f: A\times(B\times C) \longrightarrow (A\times B)\times C$$
$$(x,\ (y,\ z)) \rightsquigarrow f(x,\ (y,\ z)) = ((x,\ y),\ z)$$

으로 정의하면 f는 전단사함수임을 쉽게 알 수 있다. 이제 f가 순서를 보존하는 사상임을 보이면 된다. 이를 위하여

$$\exists\ ^\forall x_1 = (x,\ (y,\ z)),\ x_2 = (x',\ (y',\ z')) \in A\times(B\times C)\ \text{ s.t. }\ x_1 < x_2$$

$y_i = f(x_i)$라 할 때 $y_1 = ((x,\ y),\ z)$이고 $y_2 = ((x',\ y'),\ z')$가 되는데 $y_1 < y_2$임을 보이기만 하면 된다. 여기서 $x_1 < x_2$인 경우의 순서를 정하는 방법을 고려해 보면 (사전식 순서를 기억하자)

① $x < x'$, $x, x' \in A$이고 $\exists\ ^\forall y,\ y' \in B$, $\exists\ ^\forall z,\ z' \in C$ 일 때

② $x = x'$, $y <' y' (\in B)$이고 $\exists\ ^\forall z,\ z' \in C$ 일 때

③ $x = x'$, $y = y'$이고 $z <'' z' (\in C)$인 경우를 고려할 수 있다.

그러므로 위 식 ①, ②, ③의 어느 경우를 고려해 보아도,

①′ $A\times B$에서 $(x,\ y) < (x',\ y')$이므로 $y_1 < y_2$이고

②′ $A\times B$에서 $(x,\ y) < (x',\ y')$이므로 $y_1 < y_2$이며

③′ $A\times B$에서 $(x,\ y) = (x',\ y')$이고, $z_1 < z_2$이므로

$$(x,\ (y,\ z)) < ((x',\ y'),\ z')$$

가 되어 $y_1 < y_2$이다.

따라서 f는 순서동형사상이므로 $A\times(B\times C) \simeq (A\times B)\times C$이고 $(\gamma\beta)\alpha$

$=\gamma(\beta\alpha)$이다.

(2) $\text{ord}(A\,;\le)=\alpha$, $\text{ord}(B\,;\le')=\beta$, $\text{ord}(C;\le'')=\gamma$ 이고 $A\cap B=\phi$라 하자. 여기서 함수 f를 다음과 같이 정의하면

$$f:(A\cup B)\times C \to (A\times C)\cup(B\times C)$$
$$(x,\ c)\to f(x,\ c)=(x,\ c)$$

(즉, $(x,\ c)\in A\times C$ 혹은 $(x,\ c)\in B\times C$)

f는 전단사가 된다. 여기서 $((A\cup B)\times C;\le^*))$으로 가정한다(정의 10, 11, 13을 동시에 적용함).

다음으로 f가 순서동형사상임만 보이면 된다. 즉, ㅋ $\forall(x_1,\ c_1)<^*(x_2,\ c_2)(\in(A\cup B)\times C)$라고 가정하고 $f(x_1,\ c_1)<^*f(x_2,\ c_2)$임을 보이자. 가정에 의하여 $(x_1,\ c_1)<^*(x_2,\ c_2)$의 여러 가지 경우를 살펴보면,

① $x_1<x_2\ (\in(A\cup B)\,;\le^*))$ (여기서 관계 $\le^*$는 정의 10에서 정의한 관계이다.)

② $x_1=x_2$이고 $c_1<''c_2$

이다. 이때 ①을 다시 분석해 보면 $(A\cup B;\le^*)$의 정의에 의하여

㉠ $x_1<x_2(\in A)$

㉡ $x_1\in A$, $x_2\in B$

㉢ $x_1<'x_2(\in B)$

인 세 가지 경우로 분리될 것이다. 이때 ㉠인 경우, $(x_1,\ c_1)$, $(x_2,\ c_2)\in A\times C$ 에 대하여 $f(x_1,\ c_1)<^*f(x_2,\ c_2)$이고, ㉡인 경우, $(x_1,\ c_1)\in A\times C$, $(x_2,\ b_2)\in B\times C$이므로 $(A\times C)\cup(B\times C)$에서 $(x_1,\ c_1)<^*(x_2,\ c_2)$이므로 $f(x_1,\ c_1)<^*f(x_2,\ c_2)$이고, ㉢인 경우 $(x_1,\ c_1)$, $(x_2,\ c_2)\in B\times C$에 대하여 $(A\times C)\cup(B\times C)$에서 $(x_1,\ c_1)<^*(x_2,\ c_2)$이므로 $f(x_1,\ c_1)<^*f(x_2,\ c_2)$가 된다. 그러므로 ①의 경우에는 어떤 상황에서도 $f(x_1,\ c_1)<^*f(x_2,\ c_2)$가 된다. 다음으로 ②의 경우는

㉣ $x_1=x_2\in A$ 혹은 $x_1=x_2(\in B)$이고 $c_1<''c_2$인데, 이 경우에서도 $f(x_1,\ c_1)<^*(f(x_2,\ c_2)$가 되어서 함수 f는 순서동형사상이 되어 $\gamma(\alpha+\beta)=\gamma\alpha+\gamma\beta$이 성립한다. ■

▌정리 16

α, β, γ 를 임의의 순서수라 할 때 $\gamma > 0$이면 다음 관계가 성립한다.

(1) $\alpha < \beta \Rightarrow \gamma\alpha < \gamma\beta$(좌측곱의 단조성)

(2) $\gamma\alpha = \gamma\beta \Rightarrow \alpha = \beta$(곱의 좌측소거법)

증명 (1) $\text{ord}(A\,;\le) = \alpha$, $\text{ord}(B\,;\le') = \beta$, $\text{ord}(C\,;\le'') = \gamma$라 할 때 $\alpha < \beta$이면

$$\exists\, p \in B \ \text{ s.t. } \ A \simeq B_p \ (\text{여기서 } B_p = \{b \in B \mid b <' p\} \text{이다.})$$

이고 $A \times C \simeq B_p \times C$인데 q를 C의 최소원이라 하고 $A \times C$와 $B \times C$ 위에 각각 사전식 순서를 부여하면 $B \times C$로 이어받은 순서에 의하여 $A \times C$와 $B_p \times C$는 순서동형이다. 이때 $B_p \times C$는 $B \times C$의 진절편

$$(B \times C)_{(p,\, q)} = \{(x,\, y) \in B \times C \mid (x,\, y) <'^{*} (p,\, q)\}$$

와 같다. 따라서 $\gamma\alpha < \gamma\beta$이다.

(2) 결론을 부정해 보면 $\gamma\alpha = \gamma\beta$이면서 $\alpha \neq \beta$이라고 가정하자. 지금 $\alpha < \beta$ ($\beta < \alpha$인 경우도 같은 방법으로 다룰 수 있다)라고 가정하면 (1)에 의하여 $\gamma\alpha < \gamma\beta$인데, 이것은 가정에 모순이다. ■

서수의 곱셈에서 좌분배법칙 및 좌소거법은 성립하지만 우분배법칙과 우소거법은 반드시 성립하지 않음을 주의해야 한다.

이제 이 절의 결론부분으로서 서수 집합의 성질을 조사한다.

▌정리 17

임의의 서수 α에 대하여 $\beta < \alpha$인 모든 서수 β의 집합은 서수가 α인 정렬집합이다.

증명 $\text{ord}(A\,;\le) = \alpha$이라 하고 $\beta < \alpha$인 임의의 서수 β에 대하여 $\text{ord}(B\,;\le') = \beta$라 하면 A의 원소 b가 존재하여 B는 A의 진절편 A_b와 순서동형이다. 이때 원소 b는 서수 β에 의하여 일의적으로 정해진다. 따라서 $\beta = \text{ord}(B\,;\le')$이고 $B \simeq A_b$이면 함수 f

$$
\begin{array}{cccc}
f: \{\beta \mid \beta\text{는 } \beta<\alpha\text{인 서수}\} & \longrightarrow & A & \\
\Downarrow & & \Downarrow & \\
\beta & \rightsquigarrow & f(\beta)=b & \text{s.t. } B\simeq A_b
\end{array}
$$

는 잘 정의되고 f가 순서동형함수임도 쉽게 증명된다. 그러므로 $\{\beta \mid \beta<\alpha\}$는 정렬집합이고 $\text{ord}\{\beta \mid \beta<\alpha\}=\alpha$이다. ■

▎정리 18

서수의 집합은 어느 것이나 정렬집합이다.

증명 결론을 부정하여, 적당한 서수의 집합 A가 존재하여 A는 정렬집합이 아니라고 가정한다. 그러면 A의 부분집합 A_1이 존재하여 A_1은 최소원을 갖지 않게 된다. 따라서 A_1은 감소하는 무한 서수 수열 $\alpha_1>\alpha_2>\alpha_3>\cdots$를 포함한다. 그런데 이 수열은 집합$\{\beta \mid \beta<\alpha_1\}$에 포함되므로 $\{\beta \mid \beta<\alpha_1\}$은 정렬집합이 아니다. 이것은 정리 17에 모순이 되므로 증명은 끝난다. ■

정리 18에서 "모든 서수의 집합"이란 표현을 삼갔는데 그 이유는 러셀의 역리의 경우에서와 같이 그러한 집합의 존재성은 부랄리-포르티의 역리(Burali-Forti paradox)[2]로 알려진 모순으로 귀착되기 때문이다.

▎정리 19

모든 서수의 집합은 존재하지 않는다.

증명 결론을 부정하여 모든 서수의 집합 S가 존재한다고 가정하자. 정리 18에 의하여 S는 정렬집합이다. S의 서수를 σ로 나타내면, σ는 S의 원소이어야 한다. 정리 17에 의하여

$$\sigma=\text{ord}\{\beta\in S \mid \beta<\sigma\}=\text{ord } S_\sigma<\text{ord } S=\sigma$$

이어서 $\sigma<\sigma$가 되어서 모순이 된다. ■

연습문제 6.5

1. 다음 집합의 순서수를 정하자.(자연순서인 부등호를 기반으로 출발한다.)
   (1) $\{2,\ 4,\ 6,\ \cdots\} \cup \{\cdots,\ 5,\ 3,\ 1\}$
   (2) $\{2,\ 4,\ 6,\ \cdots\} \cup \{1,\ 3,\ 5,\ \cdots\}$
   (3) $\{\cdots,\ 5,\ 3,\ 1,\ 2,\ 4,\ 6,\ \cdots\}$

2. 순서합은 우측소거법이 성립하지 않는다. 즉, $\beta+\alpha=\gamma+\alpha$이나 $\beta\neq\gamma$ 인 순서수 α, β와 γ가 존재함을 반례(counter example)로써 밝혀라.

3. 순서곱은 우측 배분법칙이 성립하지 않는다. 즉, 일반적으로 $(\beta+\gamma)\alpha=\beta\alpha+\gamma\alpha$가 성립하지 않는 반례를 밝혀라.

4. 서수 α, β, γ가 $\alpha<\beta$이고 $\gamma>0$을 만족하면 $\alpha\gamma\leq\beta\gamma$로 되나 $\alpha<\beta$이고 $\gamma>0$일 때 반드시 $\alpha\gamma<\beta\gamma$을 뜻하지 않음을 밝혀라.

5. 예제 17에서 2ω와 $\omega 2$를 설명해주는 정렬집합 $A\times B$와 $B\times A$를 그림으로 표현해 보시오.

6.6 초한귀납법

초한귀납법의 기본 아이디어는 수학적 귀납법에 기인하므로 수학적 귀납법을 다시 회상하자. 자연수에 관한 명제 $P(n)$이 성립함을 증명하는 데는 수학적 귀납법이 사용되는데 수학적 귀납법은 두 가지 형태가 있다.

제1수학적 귀납법

자연수에 관한 명제 $P(n)$에 대하여,

① $P(1)$이 성립한다.

② 임의의 $n(\geq 1)$에 대하여 $P(n)$이 성립함을 가정하고 $P(n+1)$이 성립함을 증명한다. 따라서 ①, ②를 만족하는 명제 $P(n)$은 임의의 자연수 n에 대하여 성립함을 주장한다.

제 2 수학적 귀납법

자연수에 관한 명제 $P(n)$에 대하여

① $P(1)$이 성립한다.

② 임의의 $n(\in\mathbb{N})$에 대하여 $k<n$인 모든 k에 대하여 $P(k)$가 성립하면 $P(n)$도 성립한다.

즉, ①, ②를 밝힘으로써 "모든 자연수 $n(\in\mathbb{N})$에 대하여 $P(n)$이 성립한다"는 것을 증명하는 것이다.

이제 제 2 수학적 귀납법의 타당성을 증명한다.

[제 2 수학적 귀납법의 증명]

결론을 부정하여 $P(n)$이 참이 아닌 n의 집합을 S라 하자. $S\neq\phi$이라면 $(\mathbb{N}\,;\leq)$은 정렬집합이므로 S에 최소원 m이 존재한다. 가정 ②에 의하여 $k(<m)$에 대하여 $P(k)$는 참이고 그 결과 $P(m)$도 참이 되어 모순이 생긴다. 따라서 $S=\phi$이다. 즉 임의의 자연수 n에 대하여 $P(n)$은 참이다.

지금까지 제 1, 2 수학적 귀납법을 소개했는데 그 성질은 자연수 정렬집합의 특성을 이용하였다. 이 점에 착안하여 임의의 정렬집합에 관한 명제 $P(x)$에 관한 초한귀납법으로 논리를 확장해 나간다.

초한귀납법을 소개하기에 앞서 정렬집합에서 절편의 기본성질을 정리해 두자. 정렬집합 $(A\,;\leq)$에 대하여 다음이 성립한다.

ⓐ A의 임의의 절편들의 합집합 또는 교집합은 A의 절편이다. 그리고 A의 절편의 임의의 절편은 또한 A의 절편이다.

ⓑ A의 각 절편 $S(\neq A)$에 대하여 적당한 원소 $x\in A$가 존재하여 $S=A_x$이다 (여기서 $A_x=\{a\in A\,|\,a<x\}$이다).

▌정리 20

정렬집합 $(A\,;\,\le)$의 절편들의 집합 S에 대하여

(1) S의 임의의 구성원들의 합집합이 S에 속하고

(2) $A_x \in S \Rightarrow A_x \cup \{x\} \in S$

이면 A의 모든 절편은 S에 속한다.

증명 적당한 원소 $x \in A$가 존재하여 S에 속하지 않는 A의 절편 A_x가 존재한다고 가정하자. 그러면 $(A\,;\,\le)$가 정렬집합이므로 A의 부분집합 $B = \{x \in A \mid A_x \notin S\}$ $(B \ne \phi)$은 최소원, 예를 들면 a를 갖는다. 즉 $a \in B$이므로 $A_a \notin S$이다. 여기서 $y \in A$이고 $y < a$이면 $y \notin B$이므로 $A_y \in S$이다. 따라서 가정 (1)에 의하여 $\bigcup_{y<a} A_y \in S$이다. 위의 절편의 성질 ⓑ에 의하여 적당한 $b \in A$가 존재하여 $\bigcup_{y<a} A_y = A_b$이다. 그러므로 $b < a$이다. 이제 가정 (2)와 절편의 성질(위의 ⓐ와 ⓑ 참조)을 이용하여 다음을 얻는다.

적당한 $c \in A$에 대하여 $A_b \cup \{b\} = A_c \in S$. 그러므로 $b < c < a$이다. 따라서 $b \in A_c \subseteq \bigcup_{y<a} A_y = A_b$이다. 즉 $b \in A_b$이 성립한다. 그러나 이것은 $b \notin A_b$라는 사실에 모순이다. 그러므로 모든 $x \in A$에 대하여 $A_x \in S$이다.

이제 $A \in S$임을 증명하자. 그런데 (1)에 의하여 $\bigcup_{x \in A} A_x \in S$이다. 여기서 $\bigcup_{x \in A} A_x = A$라면 증명이 끝난다. 한편 $\bigcup_{x \in A} A_x \ne A$라고 가정하면 적당한 $d \in A$가 존재하여 $\bigcup_{x \in A} A_x = A_d$일 것이다. 이 경우 가정 (2)에 의하여 $A_d \cup \{d\} \in S$이다. 여기서 모든 $x \in A$에 대해 $x \le d$이므로 $A = A_d \cup \{d\}$이다. 그런데 $A_d \cup \{d\} \in S$ 이어서 $A \in S$이다. 이제 절편의 성질(위의 성질 ⓑ 참조)에 의하여 결론이 증명된다. ■

정리 20을 기반으로 다음과 같이 초한귀납법의 원리를 얻는다.

▌정리 21 초한귀납법의 원리

(1) $(A\,;\,\le)$가 정렬집합이고 $P(x)$는 각 $x \in A$에 대한 명제이다.

(2) 임의의 $x \in A$에 대하여 $y < x$인 모든 y에 대하여 $P(y)$가 참이면 $P(x)$도 참이다.

그러면 모든 $x \in A$에 대하여 $P(x)$는 참이다.

증명 귀류법을 사용하여 $P(x)$가 거짓인 $x \in A$가 존재한다고 가정하자. 그때 $B = \{x \in A \mid P(x)$는 거짓이다$\}$라 놓으면 $B \subset A$로서 $B \neq \phi$이다. 따라서 B에는 최소원, 예를 들면 x_0이 존재한다. 즉 $x_0 \in B$이므로 $P(x_0)$는 거짓이다. 지금 $y \in A$이고 $y < x_0$이면 $y \notin B$이므로 $P(y)$는 참이다. 이때 모든 $y < x_0$에 대하여 $P(y)$가 참이므로 가정 (2)에 의하여 $P(x_0)$도 참이다. 이것은 $P(x_0)$가 거짓이라는 데에 모순이다. 따라서 모든 $x \in A$에 대하여 $P(x)$는 참이다. ■

초한귀납법을 적용하여 명제 $P(x)$의 참임을 증명하는 데 있어서 다음과 같이 단계별로 접근하면 더욱 편리하다.

정리 20과 정리 21을 이용하여 다음의 초한귀납법을 소개한다.

초한귀납법(transfinite induction)

정렬집합 $(W; \leq)$의 원소 x에 관한 명제 $P(x)$에 있어서

① $P(a_0)$는 성립한다. (단 a_0는 W의 최소원이다.)

② 임의의 $x_0(\in W)$에 대하여, $x < x_0$인 모든 x에 대하여 $P(x)$가 성립하면 $P(x_0)$도 성립한다.

위의 ①, ②를 밝힘으로써 모든 $x(\in W)$에 대하여 $P(x)$가 성립함을 주장하는 것이다.

증명 $P(x)$가 성립하지 않는 W의 모든 원의 집합을 M이라 하면 $M \subseteq W$이므로 $M \neq \phi$이라면 M의 최소원 m_0가 존재한다. 그때

$$x < m_0 \Rightarrow x \notin M$$

이고 ①에서 $a_0 \notin M$이므로 $a_0 < m_0$이다.

$x < m_0$인 x가 M에 속하지 않는다는 것은 $P(x)$가 성립한다는 것이며 $x < m_0$인 x는 존재한다($\because$ $a_0 < m_0$). 따라서 ②에 의하여 $P(m_0)$도 성립하는 것이 되어 $m_0 \in M$에 모순된다. 이 모순은 $M \neq \phi$이라고 가정한 데서 비롯된 것이므로 $M = \phi$이다. 따라서 $P(x)$는 모든 $x \in W$에 대하여 성립한다. ■

여기에서 $W = \mathbb{N}$의 경우가 제 2 수학적 귀납법이다. 한편 제 1 수학적 귀납법에 해당되는 초한귀납법은 정렬집합의 모든 원소가 직전원을 가질 때만 사용된

다. 이 형태의 초한귀납법은 다음과 같다.

정렬집합 $(W;\le)$의 원소 x에 관한 명제 $P(x)$가 주어져서

① $P(a_0)$는 성립한다. 단 $a_0=\min(W)$이다.

② 모든 원소 $x\in W$에 직전원 x^-가 있어서 $P(x^-)$가 성립하면 $P(x)$도 성립한다.

이 두 가지를 밝히면 $P(x)$는 모든 $x\in W$에 대하여 성립한다.

예제 17

명제 "정렬집합 W에서 그 부분집합 S에 순서동형사상 f가 존재하면 임의의 $x\in W$에 대하여 $x\le f(x)$가 성립한다"를 초한귀납법을 이용하여 증명하자.

증명 W의 최소원을 x_0라 하면 $f(x_0)\in S\subseteq W$이므로

$$x_0\le f(x_0)$$

이므로 ①이 성립한다. 다음에 임의의 $x\in W$가 주어졌을 때

$$y<x,\ y\in W\Rightarrow y\le f(y)$$

를 가정하고 $x\le f(x)$가 성립함을 증명하자. 이제 결론을 부정하면

$$x>f(x)$$

이 되므로, 원소 $f(x)=y$에 대하여 가정에 의하여

$$f(x)\le f(f(x)) \qquad \cdots ㉠$$

가 성립한다($\because f(x)<x$이므로). 그런데 결론의 부정과 f의 순서유지 성질에 의하여

$$f(x)>f(f(x)) \qquad \cdots ㉡$$

인데 식 ㉠과 ㉡이 상충되어 $x>f(x)$이 성립하지 않는다. 이로써 초한귀납법의 ②가 밝혀지고 초한귀납법에 의하여 증명이 끝난다. ■

연습문제 6.6

1. 집합 $X(\neq \phi)$에 대하여 멱집합족 $(P(X)\,;\subseteq)$는 반순서집합이 됨을 이미 잘 알고 있다. 만약 $\mathrm{card}(X) \geq 2$이면 그 $(P(X)\,;\subseteq)$는 정렬집합이 아님을 보여라.

2. 정렬집합 $(W;\leq)$의 원소 x에 관한 명제 $P(x)$가 주어져서

   ① $P(a_0)$는 성립한다(단 a_0는 W의 최소원이다).

   ② 모든 $x \in W$에 직전원 x^-가 주어져서 $P(x^-)$가 성립하면 $P(x)$도 성립한다.

   이때에 모든 $x \in W$에 대하여 $P(x)$가 성립함을 증명하여라.

제7장 선택공리 및 그와 동치인 정리

- 7.1 선택공리(axiom of choice)
- 7.2 선택공리와 동치인 정리

선택공리(axiom of choice) 및 그와 동치인 원리로서 흔히 이용되고 있는 하우스도르프의 극대원리(Hausdorff maximality principle), 조른의 보조정리(Zorn's lemma), 체르멜로의 정렬원리(Well-ordering principle of Zermelo)를 소개한다. 이 세 원리는 선택공리와 논리적으로 동치임이 증명된다.

7.1 선택공리(axiom of choice)

임의의 두 순서수 σ, τ의 크기는 항상 비교가능하다. 즉,

$$\sigma = \tau, \quad \text{혹은 } \sigma > \tau \text{ 또는 } \sigma < \tau$$

이다(6.4절의 정리 11). 바꾸어 말하면, 두 개의 정렬집합들은 동형이든지 한쪽이 다른 쪽의 진절편과 동형이다(6장의 정리 6).

$(X;\le)$, $(Y;\le')$를 정렬집합이라 하고 $\mathrm{ord}(X;\le)=\sigma$, $\mathrm{ord}(Y;\le')=\tau$라 하고 $\mathrm{card}\,X=\alpha$, $\mathrm{card}\,Y=\beta$라 하면

$$\sigma = \tau \Rightarrow \alpha = \beta$$
$$\sigma < \tau \Rightarrow \alpha \le \beta \ (\because X\text{가 } Y\text{의 어떤 절편에 동형이다.})$$

따라서 두 정렬집합의 기수는 항상 비교가능하다. 그러나

"임의의 두 집합의 기수가 비교가능한가?" … (*)

에 대해서는 좀 더 연구가 필요하다. 그러나 정렬집합의 기수는 비교가능하므로 임의의 집합은 정렬집합이 되게 할 수 있다면 문제 (*)는 쉽게 해결될 것이다. 그 가능성은 칸토어(G. Cantor)에 의하여 예상은 되었지만 증명은 하지 못했다. 즉,

"임의의 집합은 그것에 적당한 순서를 주어서 정렬집합이
되게 할 수 있다(정렬가능정리)". … (**)

체르멜로(E. Zermelo)는 선택공리라는 명제의 가정 아래 (**)를 증명하였는데 실제는 정리 (**)와 선택공리는 동치인 명제로 판명되었고 현대수학에서 중요한 역할을 하게 되었다. 여기서 체르멜로의 선택공리에 대하여 알아보자.

▌체르멜로의 선택공리 1

서로소이며 공집합이 아닌 집합들의 집합족 $F=\{A_\alpha | \alpha \in M\}(F \neq \phi)$가 주어졌을 때 F의 각 원소 A_α에서 단 하나의 원소만을 택하여 이루어진 한 집합 S가 존재한다.

체르멜로의 선택공리 1과 동치인 다음 명제도 체르멜로에 의하여 정의되었다.

▌체르멜로의 선택공리 2

공집합이 아닌 집합족 $F=\{A_\alpha | A_\alpha \neq \phi,\ \alpha \in M\}$($A_\alpha$들은 서로소가 아니라도 좋다)에 대하여 함수 f

$$\begin{array}{ccc} f: F & \longrightarrow & \bigcup_{\alpha \in M} A_\alpha \\ \Cup & & \Cup \\ A_\alpha & \leadsto & f(A_\alpha) \in A_\alpha \end{array}$$

가 존재한다. 여기서 그 f를 **선택함수**(choice function)라고 한다.

현대수학에서 선택공리의 유용성은 매우 크다. 그래서 체르멜로의 선택공리를 대치할 만할 원리 및 그것과 연관된 정리를 소개한다.

연습문제 7.1

1. P가 공집합이 아닌 집합 X의 한 분할일 때 집합 $R \subseteq X$으로써 각 $C \in P$에 대하여 $C \cap R$가 한원소집합인 것이 존재한다. 이것을 증명하여라. 이와 같은 R을 P에 대한 대표(representative)의 집합이라고 한다.

7.2 선택공리와 동치인 정리

추상대수학과 위상수학에서는 선택공리와 동치인 하우스도르프(Hausdorff)의 극대원리를 이용하는 것이 유용할 때가 많다.

다음 정리는 선택공리와 동치인 다른 정리를 증명하는 데 중요한 역할을 한다.

정리 1

공집합이 아닌 반순서집합 $(A, \leq)$에 대하여 A의 임의의 전순서 부분집합의 최소상계가 A에 존재할 때 임의의 $a(\in A)$에 대하여 $f(a) \geq a$로 정의된 함수 $f: A \to A$에 대하여 $p(\in A)$가 존재하여 $f(p) = p$이다.

증명 집합 A의 임의의 원소 a는 이 증명이 끝날 때까지 고정된 것으로 생각한다. A의 부분집합 B가 다음 세 성질을 지니면, 그리고 그때에만 B는 용인적(admissible)이라고 한다.

(i) $a \in B$

(ii) $f(B) \subseteq B$

(iii) B의 각 전순서 부분집합의 최소상계가 B에 속한다.

이때 A의 모든 용인적 부분집합의 집합을 $\mathfrak{B}$라 하면 A는 그 자신이 용인적이므로 $\mathfrak{B} \neq \phi$. 또 용인적 집합들의 교집합은 용인적이므로 반순서집합 $(\mathfrak{B}, \subseteq)$는 일의적으로 극소원 $B_0 = \bigcap_{B \in \mathfrak{B}} B$를 지닌다. 한편 집합 $\{x \in A \mid x \geq a\}$는 분명히 용인적이므로 $B_0 \subseteq \{x \in A \mid x \geq a\}$이다. 따라서

(iv) 모든 $x \in B_0$에 대하여 $x \geq a$이다.

이때 $C = \{x \in B_0 \mid y \in B_0$이고 $y < x \Rightarrow f(y) \leq x\}$라고 놓고 다음을 증명한다.

(v) $x \in C$이고 $z \in B_0 \Rightarrow z \leq x$이고 $z \geq f(x)$를 증명한다.

먼저 $x \in C$를 고정시키면 $D = \{z \in B_0 \mid z \leq x$이거나 $x \geq f(x)\}$로 놓는다. 그러면 조건 (iv)는 D가 (i)을 만족시킴을 알 수 있다. 한편 집합 D는 (ii)를 만족시킨다. 왜냐하면 $z \geq f(x)$이면 $f(z) \geq z > f(x)$이고, 만약 $z = x$이면 $f(z) = f(x)$, 그리고 $z < x$이면 $x \in C$이므로 $f(z) \leq x$이기 때문이다. 한편 집합 D는 (iii)도 만족시킨다. 즉 D의 전순서부분집합

E의 최소상계 u라고 하면 모든 $y \in E$에 대해 $y \leq x$이므로 $u \leq x$ 혹은 적당한 $y \in E$에 대하여 $y \geq f(x)$이다. 결과적으로 $u \geq f(x)$이다. 따라서 D는 용인적이고 결국 $D = B_0$이다. 이것으로 명제 (v)는 증명되었다.

이제 C가 용인적임을 증명한다. C는 (i)을 그대로 만족시킨다. C가 (ii)를 만족시킴을 밝히기 위해서는 $x \in C$, $y \in B_0$, $y < f(x)$이면 $f(y) \leq f(x)$임을 보이면 된다. 그런데 (v)에 의하여 $y \geq f(x)$ 또는 $y \leq x$이다. 그러므로 $y < f(x)$이면 $y \leq x$이다. 한편 $x \in C$이므로 $y < x$이면 $f(y) \leq x (\leq f(x))$이고, $y = x$이면 $f(y) = f(x)$이다. 마지막으로 C가 (iii)을 만족시킴을 증명하기 위하여 C의 전순서부분집합 G의 최소상계를 w라고 할 때 $w \in C$ 임을 보이자. 이제 $y \in B_0$, $y < w$라고 가정하면 (v)에 의하여 모든 $x \in G$에 대하여 $y \leq x$ 또는 $y \geq f(x)$이다. 여기서 $(^\forall x \in G) y \geq f(x) \geq x$는 참이 아니다. 왜냐하면 이것이 참이라면 $y \geq w$인데 결과적으로 y의 선택에 모순이기 때문이다. 그러므로 적당한 $x \in G$가 존재함으로써 $y \leq x$이다. 그런데 $y < x$이면 C의 정의에 의하여 $f(y) \leq x \leq w$이므로 $f(y) \leq w$이다. 따라서 $w \in C$이다.

한편 $y = x$이면, $y < w$이므로 적당한 $z \in G$가 존재함으로써 $y < z$이다. 그러므로 C의 정의에 의하여 $f(y) \leq z \leq w$이다. 따라서 $f(y) \leq w$이므로 $w \in C$이다. C는 B_0의 용인적 부분집합이므로 $C = B_0$이다. 따라서 (v)에 의하여 B_0은 전순서집합이다. 지금 p를 B_0의 최소상계라 하면 $p \in B_0$이고 $p \leq f(p) \leq p$이다. 그러므로 $f(p) = p$이다. 이로써 증명이 끝난다. ■

정리 2 하우스도르프 극대원리

반순서집합 $(A, \leq)$에 대하여 A의 모든 전순서부분집합의 집합을 ρ라고 할 때 포함관계에 의한 반순서집합 $(\rho, \subseteq)$는 극대원을 갖는다.

증명 귀류법을 사용하여, 결론을 부정하자. 즉, ρ에는 극대원이 존재하지 않는다고 가정하자. 그러면 각 $T \in \rho$에 대하여 공집합이 아닌 집합 $T^* = \{T' \in \rho \mid T \subsetneq T'\}$의 짝을 만들 수 있다. 선택공리에 의하여 정의역이 $\{T^* \mid T \in \rho\}$인 함수로서 $g(T^*) \in T^*$인 g가 존재한다. 따라서 각 $T \in \rho$에 대하여 $f(T) = g(T^*) \supsetneq T$로 정의된 함수 $f : \rho \to \rho$가 존재한다. 여기서 $(\rho, \subseteq)$는 함수 f와 더불어 정리 1의 가정을 모두 만족시킨다. 그러나 즉 $T \in \rho$에 대하여 $T \subsetneq f(T)$인데 이것은 정리 1의 결론에 모순된다. 이로써 배리법에 따라 정리 2는 증명되었다. ■

선택공리와 동치인 명제 중에서 가장 널리 이용되는 것이 바로 1914년 조른(Zorn)에 의하여 소개된 조른의 보조정리(Zorn's Lemma)인데 그것을 구체적으로 알아보자.

정리 3 조른의 보조정리

반순서집합 $(A, \leq)$에 대하여 A의 각 전순서부분집합이 상계를 가지면 A의 극대원이 존재한다.

증명 하우스도르프 원리에 의하여 $(A, \leq)$는 집합의 포함관계 $(\subseteq)$에 의하여 극대원인 전순서부분집합 B를 갖는다. B의 상계를 u라고 할 때 u는 A의 극대원임을 증명하자. 만약 $x \in A$가 존재하여 $x \geq u$이면 $B \cup \{x\}$는 $(A, \leq)$의 전순서부분집합으로서 B를 포함한다. 그러면 $x \leq u$이므로 $B \cup \{x\} = B$이다. 결국 $x = u$이므로 u는 $(A, \leq)$의 극대원이다. ■

즉 정리 3은 어떤 반순서집합에서의 극대원의 존재를 주장하는 전형적인 정리이다.

정리 1, 정리 2, 정리 3 등은 동치인데 참고문헌 [3]의 제 7 장을 통해서 보다 다양한 내용을 접하기를 추천한다.

여기서 조른의 보조정리를 이용하여 체르멜로의 정렬원리(well ordering principle)를 소개한다. 집합 A 위의 정렬순서관계가 존재하면 A는 정렬가능하다고 말한다.

정리 4

공집합이 아닌 임의의 집합은 정렬가능하다. (정렬원리)

증명 공집합이 아닌 임의로 주어진 집합을 A라 하고 A가 정렬가능함을 보이자. 여기서 $A_0 \subseteq A$인 모든 정렬집합 $(A_0, \leq_0)$의 집합들의 집합족 A^*를 생각한다. 이 경우 A^* 위의 반순서 $\leq^*$를 다음과 같이 정의한다. 즉

ㅋ$(A_0, \le_0), (A_1, \le_1) \in A^*, (A_0, \le_0) \le^* (A_1, \le_1) \Leftrightarrow$

① $A_0 \subseteq A_1$

② ㅋ $x, y \in A_0, x \le_0 y \Rightarrow x \le_1 y$

③ $x \in A_1 - A_0 \Rightarrow y \le_1 x$ (ㅋ $^\forall y \in A_0$)

그때 $(A^*, \le^*)$는 반순서집합이다. 여기서 조른의 보조정리를 적용하기 위하여 $(A^*, \le^*)$의 임의의 전순서부분집합 B는 상계를 갖는다는 것을 보이도록 한다. 이 상계에 대한 자연스런 후보의 하나는 $(\bigcup_{A \in B} A, \le')$이다. 여기서 x와 y가 적당한 A_0에 속함으로써 $(A_0, \le_0) \in B$이고 $x \le_0 y$이면 $x \le' y$이다. 분명히 $(\bigcup_{A \in B} A, \le')$이 A^*에 속하면 $(\bigcup_{A \in B} A, \le')$는 B의 상계이다. 다음엔 $(\bigcup_{A \in B} A, \le')$은 정렬집합이고 A^*에 속한다는 것을 증명한다. 먼저 관계 $\le'$은 $\bigcup_{A \in B} A$ 위의 전순서관계임을 쉽게 밝혀질 수 있다. 이제 $\bigcup_{A \in B} A$의 부분집합으로서 공집합이 아닌 것의 하나를 S라 하면 $(A_0, \le_0) \in B$가 존재함으로써 A_0와 S의 교집합$(\ne \varnothing)$을 얻는다. 그런데 $(A_0, \le_0)$는 정렬집합이므로 $S \cap A_0$는 일의적으로 최소원 $x_0(\in S \cap A_0)$를 갖는다. 한편 임의의 $y \in S$에 대하여 $(A_1, \le_1) \in B$이 존재해서 $(A_0, \le_0) \le^* (A_1, \le_1)$이고 $x_0, y \in A_1$이므로 $x_0 \le_1 y$이다. 따라서 $x_0 \le' y$이다. 결국 x_0는 $(S, \le')$의 최소원이므로 $(\bigcup_{A \in B} A, \le')$는 정렬집합이다.

조른의 보조정리에 의하여 $(A^*, \le^*)$은 극대원 $(A_1, \le_1)$을 갖는다. 이제 $A_1 = A$이면 $(A_1, \le_1)$이 정렬집합임을 보이면 충분하다. 여기서 귀류법을 사용하여 $A_1 \ne A$라고 가정하자. $x_1(\in A - A_1)$를 택하여 모든 $x \in A_1$에 대하여 $x \le_1 x_1$과 같이 정의함으로써 $\le_1$을 $A_1 \cup \{x_1\}$로 확장하면 $(A_1 \cup \{x_1\}, \le_1)$은 $\le^*$에 관하여 $(A_1, \le_1)$을 포함한다. 이것은 $(A_1, \le_1)$이 $(A^*, \le^*)$의 극대원이라는 데 모순이다. ■

정리 4의 증명은 집합 A 위의 정렬의 존재성을 주장할 뿐 A의 원소를 정렬할 수 있는 방법에 대해서는 언급이 없다.

지금까지 소개된 정리들의 상관관계를 다시 생각한다. 즉,

$$
\begin{aligned}
\text{선택공리} &\overset{\text{정리 2}}{\Rightarrow} \text{하우스도르프의 극대원리} \\
&\overset{\text{정리 3}}{\Rightarrow} \text{조른의 보조정리} \\
&\overset{\text{정리 4}}{\Rightarrow} \text{정렬원리}
\end{aligned}
$$

이들 네 원리가 동치임을 보이기 위하여 정렬원리가 성립하면 선택공리가 성립함을 보이면 된다.

▌정리 5

정렬원리는 선택공리를 함의(implication)한다.

증명 ρ를 공집합이 아닌 주어진 집합들을 원소로 하는 공집합이 아닌 집합이라고 하면 정렬원리에 의하여 $(\bigcup_{A \in \rho} A, \le)$는 전순서집합으로서 정렬집합이다. 그러므로 각 집합 $A \in \rho$는 최소원을 갖는다. 따라서 모든 $A \in \rho$에 대하여 함수 f를

$$
\begin{array}{cccl}
f : \rho & \longrightarrow & \bigcup_{A \in \rho} A & \\
\Cup & & \Cup & \\
A & \leadsto & A & \text{의 최소원} = f(A)
\end{array}
$$

로 놓으면 f는 잘 정의된 선택함수이다. ■

따라서 정리 2, 정리 3, 정리 4, 정리 5를 통하여 각각 동치인 원리들을 소개하였고, 편리성을 유지하여 자유롭게 이용하면 된다.

7장의 서두에 임의의 두 정렬집합의 기수는 항상 비교가능함을 언급했고 따라서 다음 정리를 얻는다.

▌정리 6

임의의 두 집합의 기수는 항상 비교가능하다.

연습문제 7.2

1. 6.1절의 예제 11(123쪽)에서 주어진 반순서집합 $(X;\ \leq)$을 사용하여 조른의 보조정리를 설명하시오.

2. 무한집합 E의 유한부분집합의 전체를 F라 하면 $E \sim F$임을 증명하여라.

3. 기수를 원소로 하는 임의의 집합을 M이라 하면 M은 기수의 대소에 의하여 정렬집합이 됨을 증명하여라.

부록

■ 하세 도표(Hasse diagram) 만들기

하세 도표는 반순서관계를 나타내기 위한 방법인데 매우 유용하고 단순화된 반순서관계를 표현하는 수학적 표현이다. 이해를 돕기 위하여 아래의 예를 통해서 설명하자.

예제 1

다음 그림은 집합 $\{a, b, c\}$ 의 멱집합을 부분집합관계로 하여 도식화한 것이다.

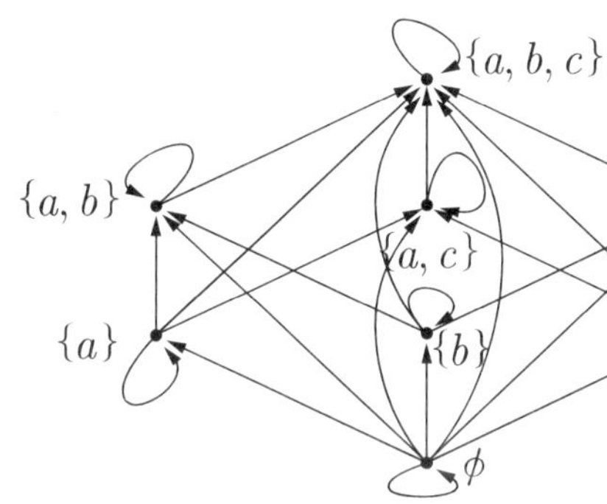

보다시피 위 그림이 매우 복잡하게 보이기에 아래와 같은 그래프를 활용한 표현 방법으로 단순화해보자.

첫째, 모든 루프는 생략한다.

둘째, 추이관계를 표시하는 화살표는 생략한다.

셋째, 화살표의 머리 부분을 삭제한다.

넷째, 모든 화살표는 위로만 향한다고 약속한다.

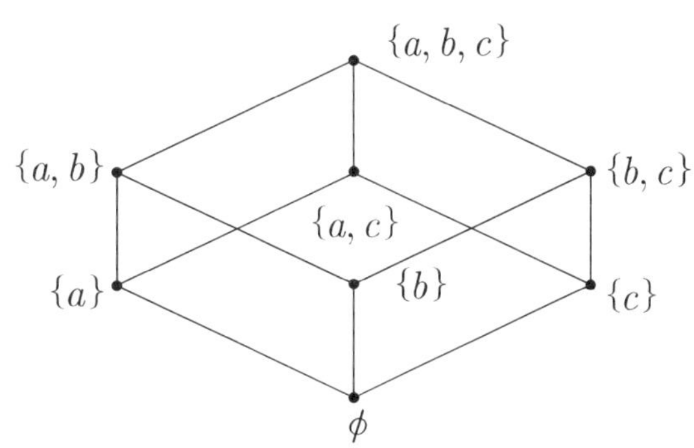

문제 1

집합 $A=\{1, 2, 3, 9, 18\}$를 생각하자. 집합 A의 임의의 두 원소 a, b에 대하여, a가 b를 나누면 $a \le b$라고 놓자. 이 관계를 하세 도표를 사용하여 표현하자.

풀이

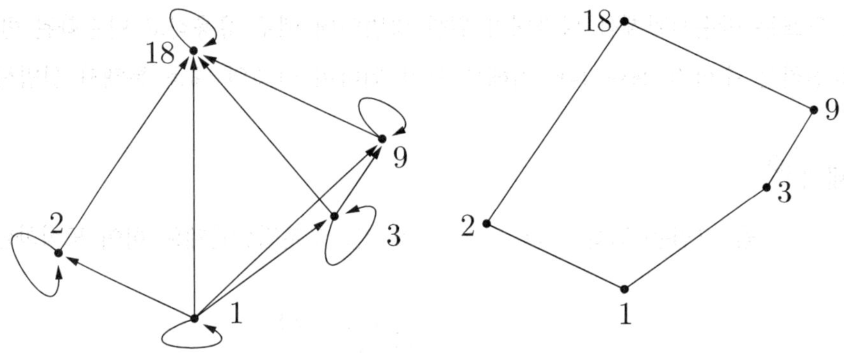

문제 2

집합 $A=\{3, 4, 5, 6, 10, 12\}$를 생각하자.

A의 임의의 두 원소 x, y에 대하여 만약 'x가 y를 나누면 x는 y와 관계가 있다'라고 하고 $(x, y) \in R$으로 표현하자. 그때 이 관계를 하세 도표를 사용하여 표현하자.

풀이 $R=\{(3, 3), (3, 6), (3, 12), (4, 4), (4, 12), (5, 5), (5, 10), (6, 6), (6, 12), (10, 10), (12, 12)\}$이기에 아래 사실을 기반으로 하세 도표는 다음과 같이 그려진다.

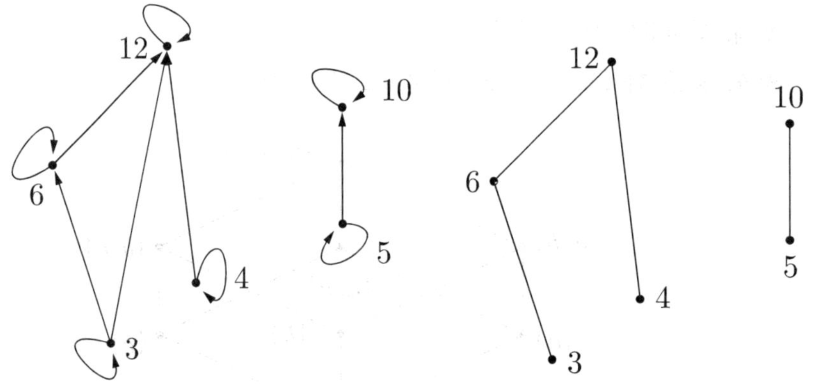

■ 자연수에 대한 페아노(Peano: 1858~1932)의 공리

자연수에 관한 페아노의 공리: 다음 공리 $1 \sim 5$를 모두 만족하는 집합 $\mathbb{N}$이 존재한다. 이때 그 원소를 자연수라고 부른다.

1. $\mathbb{N}$에는 1로 나타낸 특별한 원소가 존재한다.
2. 각 $n \in \mathbb{N}$에 대하여 그의 후임자(successor)인 원소 n^+가 $\mathbb{N}$에 단 하나씩 존재한다.
3. 모든 $n \in \mathbb{N}$에 대하여 $n^+ \neq 1$이다.
4. $\mathbb{N}$의 원소 m, n에 대하여 $m^+ = n^+ \Rightarrow m = n$이다.
5. 각 $n \in \mathbb{N}$과 $\mathbb{N}$의 부분집합 P에 대하여 $(1 \in P \wedge n \in P \Rightarrow n^+ \in P)$이면 $P = \mathbb{N}$이다.

$\mathbb{N}$에 대한 페아노의 공리를 바탕으로 $^\forall x, y \in \mathbb{N}$에 대하여 $x^+ = x + 1$와 $x^+ + y = (x+y)^+$으로 정의한 후 자연수의 덧셈에 관한 연산 (결합법칙, 교환법칙, 그리고 소거법칙)이 증명된다. 더 나아가 $\mathbb{N}$에서 곱셈은 $^\forall x \in \mathbb{N}$에 대하여 $1 \cdot x = x$와 $x^+ \cdot y = x \cdot y + y$로 귀납적으로 정의한 후 곱셈에 대한 기본성질(결합법칙, 교환법칙, 소거법칙, 그리고 분배법칙)이 유도된다.

연습문제 해답

■ 연습문제 1.1

1. ④

■ 연습문제 1.2

3. $\sim(p \wedge q \wedge r) \equiv \sim((p \wedge q) \wedge r) \equiv \sim(p \wedge q) \vee \sim r$

$$\equiv \sim p \vee \sim q \vee \sim r$$

■ 연습문제 1.3

3. ① 이; 두 정수 중에 짝수가 아닌 수가 하나라도 존재하면 그 합은 짝수가 아니다.
   역; 두 수의 합이 짝수이면 두 정수는 짝수이다.
   대우; 두 수의 합이 짝수가 아니면 두 정수 중 적어도 하나는 짝수가 아니다.

■ 연습문제 1.4

1. ① $T = \{1\}$
3. 생략(여러 가지 표현으로 시도해 보기 바람)

■ 연습문제 2.1

1. 집합; ①, ②, ③
   집합이 아닌 것; ④, ⑤
3. $X = \{x \mid x \in \mathbb{Z},\ 3 \le x \le 6\}$, $Y = \{2n-1 \mid n \in \mathbb{N}\}$,
   $T = \{x \mid x^2 - 2x - 2 = 0\}$, $W = \{x \mid x^2 = 2\}$

■ 연습문제 2.2

1. $P(A : B) = \{\{x, y\}, \{x, y, z\}, \{x, y, w\}, A\}$이고 $P(A : B)$의 원소의 개수는 4이다.

■ 연습문제 2.3

1. 생략.
3. 생략.

5. (1) $(A \cap B \cap C)^C = ((A \cap B) \cap C)^C = (A \cap B)^C \cup C^C = A^C \cup B^C \cup C^C$

(2) $(A \cup B \cup C)^C = ((A \cup B) \cup C)^C = (A \cup B)^C \cap C^C = A^C \cap B^C \cap C^C$

■ **연습문제 2.4**

1. 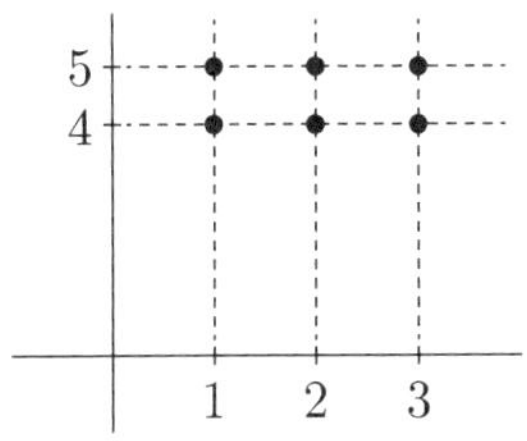

2. $X = Y$.

5. 생략.

■ **연습문제 2.5**

1, 3, 5. 증명 생략.

7. (1) ㅋ $\forall x \in \bigcup_{\alpha \in M} X_\alpha \Rightarrow \exists \alpha \in M$ s.t. $x \in X_\alpha \Rightarrow \exists \alpha \in M$ s.t. $x \in Y_\alpha$

$(\because X_\alpha \subset Y_\alpha) \Rightarrow x \in \bigcup_{\alpha \in M} Y_\alpha \quad \therefore \bigcup_{\alpha \in M} X_\alpha \subset \bigcup_{\alpha \in M} Y_\alpha$

(2) ㅋ $\forall x \in \bigcap_{\alpha \in M} X_\alpha \Rightarrow$ ㅋ $\forall \alpha \in M,\ x \in X_\alpha \Rightarrow$ ㅋ $\forall \alpha \in M,\ x \in Y_\alpha$

$(\because X_\alpha \subset Y_\alpha) \Rightarrow x \in \bigcap_{\alpha \in M} Y_\alpha \quad \therefore \bigcap_{\alpha \in M} X_\alpha \subset \bigcap_{\alpha \in M} Y_\alpha$

■ **연습문제 3.1**

1. R의 정의역; $\{a, b, c, d\}$

R의 상; $\{c, d, b, a\}$

3. 자명함.

■ **연습문제 3.2**

1. $\{\mathbb{Z}_0, \mathbb{Z}_1, \mathbb{Z}_2, \mathbb{Z}_3, \mathbb{Z}_4\}$ 여기서 $\mathbb{Z}_0 = \{\cdots, -10, -5, 0, 5, 10, \cdots\}$

$\mathbb{Z}_1 = \{\cdots, -9, -4, 1, 6, 11, \cdots\}$

$\mathbb{Z}_2 = \{\cdots, -8, -3, 2, 7, 12, \cdots\}$

$\mathbb{Z}_3 = \{\cdots, -7, -2, 3, 8, 13, \cdots\}$

$\mathbb{Z}_4 = \{\cdots, -6, -1, 4, 9, 14, \cdots\}$

3. (예) $\{\{a\}, \{b, c\}, \{d\}\}$

■ **연습문제 3.3**

1. 첫째, $x_1 \neq x_2 \in X$, $f(x_1) = (x_1, b)$, $f(x_2) = (x_2, b)$인데 $(x_1, b) = (x_2, b)$이므로

    $f(x_1) \neq f(x_2)$. $\therefore$ f: 단사함수

    둘째, ㅋ $^\forall (x, b) \in X \times \{b\}$, $\exists x \in X$ s.t. $f(x) = (x, b)$

    $\therefore$ f: 전사함수

3. 첫째, $x_1 \neq x_2 \Rightarrow f(x_1) \neq f(x_2)(\in Y)$($\because$ f : 단사) $\Rightarrow g(f(x_1)) \neq g(f(x_2))$

    ($\because$ g: 단사) $\therefore$ $(g \circ f)(x_1) \neq (g \circ f)(x_2) \Rightarrow g \circ f$: 단사

    둘째, ㅋ $^\forall z \in Z$, $\exists$ $y \in Y$ s.t. $g(y) = z$, ㅋ $^\forall y \in Y$, $\exists x \in X$ s.t. $f(x) = y$

    $\therefore$ ㅋ $^\forall z \in Z$, $\exists x \in X$ s.t. $(g \circ f)(x) = z$ $\therefore$ $g \circ f$: 전사

    $\therefore$ $g \circ f$: 전단사함수

5. (1) $f(\{-7, 3, 6\}) = \{39, 7, 27\}$

7. 생략.

9. (1) $\chi_{A \cap B} : X \to \{0, 1\}$ s.t. $\chi_{A \cap B}(x) = \begin{cases} 0, & x \notin A \cap B \\ 1, & x \in A \cap B \end{cases}$ 이고

    $\chi_A : X \to \{0, 1\}$ s.t. $\chi_A(x) = \begin{cases} 0, & x \notin A \\ 1, & x \in A \end{cases}$

    $\chi_B : X \to \{0, 1\}$ s.t. $\chi_B(x) = \begin{cases} 0, & x \notin B \\ 1, & x \in B \end{cases}$

    $\therefore$ $\chi_{A \cap B} = \chi_A \cdot \chi_B$

■ **연습문제 3.4**

1. $g \circ f : \mathbb{R} \to \mathbb{R}$은 $g \circ f(x) = g(f(x) = g(3x+2) = (3x+2)^2 - 3$

3. (1) 자명함.

    (2) $\text{Im}(f \times g) = \text{Im} f \times \text{Im} g$ ($\because$ $f \times g$의 정의에 의함)

5. 생략.

7. (1) 첫째 $x_1 \neq x_2 \Rightarrow (f^{-1} \circ f)(x_1) = f^{-1}(f(x_1)) = x_1$

    $\Rightarrow (f^{-1} \circ f)(x_2) = f^{-1}(f(x_2)) = x_2$

    $\therefore$ $(f^{-1} \circ f)(x_1) \neq (f^{-1} \circ f)(x_2)$

■ **연습문제 3.5**

1. (1)

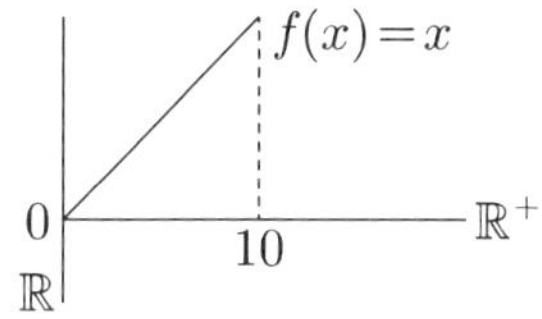

■ **연습문제 4.1**

1. $f: X\times Y \longrightarrow Y\times X$

$(x,\ y) \leadsto f(x,\ y)=(y,\ x)$

그때 f: 전단사 $\quad X\times Y \sim Y\times X$

3. $f: \prod_{\alpha\in M} X_\alpha \longrightarrow \prod_{\alpha\in M} Y_\alpha$

$(x_1,\ x_2,\ \cdots,\ x_n,\ \cdots) \to f(x)=(f_1(x_1),\ f_2(x_2),\ \cdots,\ f_n(x_n),\ \cdots)$

여기서 $f_\alpha: X_\alpha \to Y_\alpha(\exists\ ^{\forall}\alpha\in M)$; 전단사

$\therefore$ f; 전단사함수 $\Rightarrow \prod_{\alpha\in M} X_\alpha \sim \prod_{\alpha\in M} Y_\alpha$

■ **연습문제 4.2**

1. 생략.

3. $\mathbb{Q}$; 가산집합이고 $\mathbb{Q}\times\mathbb{Q}=\bigcup_{x\in\mathbb{Q}}\{x\}\times\mathbb{Q}$, 유리수 십합 $\mathbb{Q}$는 가부번이고 $\{x\}\times\mathbb{Q}\sim\mathbb{Q}$ 이므로 가부번집합 $\{x\}\times\mathbb{Q}$의 가산개의 합집합은 가부번이다.

■ **연습문제 4.3**

2. 귀류법을 사용하여 $X\times Y$이 가부번집합이라고 하자. $X\sim X\times\{y\}\subset X\times Y$, $Y\sim \{x\}\times Y\subset X\times Y$이므로 X와 Y는 가부번집합이므로 모순.

3. 귀류법을 사용하여, $X=\{x\,|\,x\in(0,\ 1),\ x$는 무리수$\}$라 할 때 X가 가부번집합이라고 가정하면 $Y=\{y\,|\,y\in(0,\ 1),\ y$는 유리수$\}$라 할 때 Y는 가부번집합이다.

$X\cup Y\sim(0,\ 1)\sim\mathbb{R}$이므로 $X\cup Y$은 가부번집합이 되는데 이것은 $\mathbb{R}$이 비가부번집합이므로 모순.

■ **연습문제 5.1**

1. $\text{card}\, B^A=8$, $\text{card}(A\times B)=6$

3. 기수의 공리(C-3)에 의함.

■ 연습문제 5.2

1. 생략.

2. 정리 4에 의함.

■ 연습문제 5.3

1. 생략.

3. 생략.

5. 생략.

7. 생략.

9. 생략.

■ 연습문제 5.4

1. 생략.

■ 연습문제 6.1

1. ① ㅋ $^{\forall}(a, b) \in \mathbb{R}^2$, $(a, b) \leq '(a, b)$

② $(a_1, b_1) \leq '(a_2, b_2)$, $(a_2, b_2) \leq '(a_1, b_1) \Rightarrow (a_1, b_1) = (a_2, b_2)$

③ $(a_1, b_1) \leq '(a_2, b_2)$, $(a_2, b_2) \leq '(a_3, b_3) \Rightarrow (a_1, b_1) \leq '(a_3, b_3)$

3. B의 상계; a, d D의 상계; d C의 상계; a

B의 상한; 없음 C의 상한; a D의 상한; d

5. ① X의 극대원; a ② X의 극소원; g, h

③ $\max X$; a ④ $\min X$; 없음

⑤ A의 상계; a, b, c, d ⑥ A의 하계; g

⑦ $\sup A$; d ⑧ $\inf A$; g

■ 연습문제 6.2

생략.

■ 연습문제 6.3

생략.

■ 연습문제 6.4

1. (1) $X=\{k,\ k+1,\ k+2,\ \cdots\}$이라 할 때

$$\begin{array}{rcl} f: X & \longrightarrow & \mathbb{N} \\ \Cup & & \Cup \\ x & \leadsto & f(x)=x+1 \end{array}$$

이라 하면 f는 전단사, 순서동형 사상이므로, $X \simeq \mathbb{N}$이다.

$\therefore$ ord $X=\omega$

(2) $X=\{k,\ k+1,\ k+2,\ \cdots,\ 0,\ 1,\ 2,\ 3,\ \cdots,\ k-1\}$

$X_0 \sim \mathbb{N}$이므로 ord$(X)>\omega$이다.

■ 연습문제 6.5

1. (2) $>\omega$

3. $\alpha=w,\ \beta=\gamma=1$에 대하여 $(\beta+\gamma)\alpha=2w=w$이나 $\beta\alpha+\gamma\alpha=w+w=w2$인데 $2w\neq w2$이므로 $(\beta+\gamma)\alpha\neq\beta\alpha+\gamma\alpha$

■ 연습문제 6.6

1. 반례(counter example)

$X=\{a,\ b,\ c\}$라 할 때 $\{a,\ b\},\ \{b,\ c\}\in P(X)$

그때 $A=\{\{a,\ b\},\ \{b,\ c\}\}(\subset X)$에 대하여 A의 최소원이 없다.

참고문헌

1. 이장우, 1998: 현대집합론의 원리, 경문사.
2. 이흥천, 2015: 집합론, 개정증보판, 경문사.
3. Lipschutz Seymour, 1998: Schaum's Outline of Set Theory and Related Topics, McGraw-Hill Companies.

찾아보기

ㄱ

가부번집합(denumberable set) 85
가산집합(countable set) 85
공변역(codomain) 56
공집합(empty set) 29
관계(relation) 49
관계를 유지하는 사상(relation preserving map) 50
관계집합(relation set) 49, 52
교집합(intersection) 33
귀납법 14
귀납추론(induction) 14
극대원(maximal element) 125
극소원(minimal element) 125
기수 곱(cardinal number product) 106
기수의 공리(axiom of cardinality) 95
기수의 합(cardinal number sum) 104

ㄴ

논리곱(conjunction) 5
논리적 동치(logical equivalence) 7
논리합(disjunction) 5
농도(cardinality) 95

ㄷ

단사함수(injective function) 65
단순명제(simple statement) 4
단위구(unit sphere) 28
대각선(diagonal) 49
대등(equipotent) 66
대우(contraposition) 17
대칭률(symmetric law) 52
대표원(representative element) 52
덮개(covering) 74, 75
데카르트 곱(Cartesian product) 38
동치관계(equivalence relation) 52
동치류(equivalence class) 52
두 번째 좌표로의 사영(projection onto the second coordinate) 57

ㅁ

마지막 원소(last element) 142
멱집합(power set) 32
명제(statement) 3
명제의 합성(composition of the statements) 4
명제함수(propositional function) 3, 21
모순(contradiction) 10
무한(순)서수(infinite ordinal number) 137
무한집합(infinite set) 29, 82

ㅂ

반대칭관계(anti-symmetric relation) 119
반사관계(reflexive relation) 119
반사율(reflexive law) 52
반순서관계(partial order relation) 119
반순서(관계)집합 119
부분명제(substatement) 4
부분집합(subset) 31
분할(partition) 51
비가부번집합(non-denumberable set) 89
비교가능(comparable) 120

비교불가능(non-comparable) 120

ㅅ

사영(projection) 55
사전식순서(lexicographic order) 121, 147
상(image) 50
상계(upper bound) 126
상등(相等) 30
상수함수(constant function) 64
상집합(quotient set) 55
상한(supremum) 127
서로소(disjoint) 34
서수의 공리(axiom of ordinality) 138
서수합(ordinal sum) 144
선택함수(choice function) 164
선형순서집합(linearly ordered set) 122
성분(component) 4
순서동형(order isomorphic) 123
순서동형함수(order isomorphism) 123
순서보존(order preserving)함수 122
순서쌍(ordered pair) 38
쌍대(duality) 37
쌍대순서동형함수(dual order isomorphism) 123
쌍대원리(principle of duality) 11
쌍조건문(biconditional statement) 7
쌍조건부(biconditional) 8
(순)서수곱(ordinal product) 148

ㅇ

여집합 34
역(converse) 17
역관계(inverse relation) 50
역상(inverse image) 59
역함수(inverse function) 69
연역법(deduction) 15
연역적 추론(deductive reasoning) 15
용인적(admissible) 141, 165
원소(element) 27
위로(onto)의 함수 65
유비적 추론 15
유한(순)서수(finite ordinal number) 137
유한집합(finite set) 29
이(reverse) 17
이접 5
일대일대응(one to one correspondence)함수 65
일반연속체 가설(generalized continuum hypothesis) 115

ㅈ

전단사함수(bijective function) 65
전사함수(surjective function) 65
전순서집합(totally ordered set) 122
전체집합(universal set) 34
절편(segment) 133
정렬관계(well-ordered relation) 130
정렬집합(well-orered set) 130
정의역(domain) 50, 56
제한(restriction)함수 73
조건문(conditional statement) 7
조건부(conditional) 7, 8
조건부 논리(conditional logic) 8
조건제시법(builder notation) 28
조른의 보조정리(Zorn's Lemma) 167
진리집합(truth set) 5
진리표(truth table) 5
진부분집합(proper subset) 31
집합족(family of set) 31

ㅊ

차집합 34
첨자붙은 집합(indexed set) 41
첨자붙은 집합족(the family of indexed sets) 41
첨자집합(index set) 41
첫 번째 좌표로서의 사영(projection onto the first coordinate) 57
초집합(super set) 31
초한귀납법(transfinite induction) 157
초한(순)서수(transfinite ordinal number) 137
최대원(greatest element) 125
최소원(least element) 125
추이관계(transitive relation) 119
추이율(transitive law) 52
충분조건(sufficient condition) 8
충분필요조건(sufficient and necessary condition) 13
치역(image) 57

ㅌ

토톨로지(tautology) 10
특성함수(characteristic function) 66

ㅍ

포함함수(inclusion function) 65
필요조건(necessary condition) 8
필요충분조건(necessary and sufficient condition) 13

ㅎ

하계(lower bound) 126
하한(infimum) 127
한원소집합(singleton) 29
함수의 합(union) 58
함의(相等, implication) 10
합동관계(congruence relation) 53
합성명제(compound statement) 4
합성함수(composition function) 69
합접(conjunction) 4
합집합(union) 33
항등관계(identity relation) 49
항등함수(identity function) 65
항위명제 10
확대(extension)함수 73
확대문제(extension problem) 74

집합론 제2판

지은이 한상언
펴낸이 조경희
펴낸곳 경문사
펴낸날 2016년 9월 1일 1판 1쇄
2022년 9월 1일 2판 1쇄
등 록 1979년 11월 9일 제1979-000023호
주 소 04057, 서울특별시 마포구 와우산로 174
전 화 (02)332-2004 팩스 (02)336-5193
이메일 kyungmoon@kyungmoon.com

값 15,000원

ISBN 979-11-6073-565-9